高等职业教育“十四五”规划教材

乡村振兴人才培育系列教材

稻田综合种养技术

赵艳岭　王强盛　主编

中国农业大学出版社
·北京·

内 容 简 介

本书系统介绍了稻田综合种养技术的多种模式(包括稻鸭、稻虾、稻蟹、稻鳅),以及配套的机插水稻栽培技术和病虫害绿色防控技术。稻田综合种养技术结合了我国传统农业生产智慧与现代农业循环可持续发展理念,实现了优质稻米与多种水产品的同步生产,既增加了农业生产经济收益,又带来了良好的生态效益。

本书内容全面、系统,层次清晰,实用性强,适合高等职业院校作物生产与经营管理、现代农业技术、休闲农业经营管理等农学类专业教学使用,也可供农业科技工作者、农业管理人员、新型职业农民和种植大户参考。

图书在版编目(CIP)数据

稻田综合种养技术 / 赵艳岭,王强盛主编 . --北京:
中国农业大学出版社, 2024. 12. --ISBN 978-7-5655
-3392-1
Ⅰ. S511
中国国家版本馆 CIP 数据核字第 2025ER2356 号

书　名 稻田综合种养技术
作　者 赵艳岭　王强盛　主编

策划编辑 张　玉　郭建鑫　　**责任编辑** 贾梦婕
封面设计 中通世奥图文设计中心
出版发行 中国农业大学出版社
社　址 北京市海淀区圆明园西路 2 号　　**邮政编码** 100193
电　话 发行部 010-62733489,1190　　读者服务部 010-62732336
编辑部 010-62732617,2618　　出 版 部 010-62733440
网　址 http://www.caupress.cn　　**E-mail** cbsszs@cau.edu.cn
经　销 新华书店
印　刷 天津鑫丰华印务有限公司
版　次 2025 年 3 月第 1 版　　2025 年 3 月第 1 次印刷
规　格 185 mm×260 mm　　16 开本　　8 印张　　192 千字
定　价 39.00 元

编 委 会

主　编　赵艳岭　王强盛

副主编　李袭杰　余海波

参　编　童华东　梁明华　杨　光　童　星
史培华　张　国　朱国兵　张建祥
殷从飞　郑雪娇　谭筱玉　张　莹
史红林　蔡善亚

主　审　杨宝林

前　言

在人类农耕文明的长卷中，稻田始终肩负着粮食安全的基石和使命。而“稻田综合种养”这一古老智慧的现代表达，正以生态之笔描绘着绿色农业的未来图景——它让稻田从单一的产粮空间，蜕变为水生生物活跃、物质循环共生的立体生态系统，奏响了“一水两用、一田双收”的可持续发展协奏曲。

稻田综合种养是以稻田生态系统为基础，通过科学的田间工程改造与生物时序配置，实现水稻种植与水生经济物种（鱼、虾、蟹、鸭、蛙等）养殖的协同共生，形成物质循环利用、生态服务功能强化、经济效益多元化的可持续农业生产模式。这种模式不仅提高了土地利用率和农业生产效益，还有效改善了农业生态环境，促进了农业资源的循环利用。

我国稻田综合种养的历史悠久，但是直到20世纪70年代后期稻田综合种养才发展为一种产业。之后，稻田综合种养的发展大致经历了5个时期，分别为起步性发展时期（1978—1985年）、生产性发展时期（1986—1992年）、拓展性发展时期（1993—2002年）、综合性发展时期（2003—2012年）和全面创新发展新时期（2013年以后）。当前，在农业农村部大力推动下，在各地政府、主管部门、科技人员及广大农民的积极探索实践下，稻田综合种养发展取得了显著成效。一大批以水稻为中心，以特种水产品为主导，以产业化经营、规模化开发、标准化生产为特征的稻田综合种养典型模式不断涌现，逐步构建了“以渔促稻、提质增效、生态环保、保渔增收”的稻田综合种养技术模式，在全国范围掀起了新一轮的发展热潮。

本书立足于国家“藏粮于地、藏粮于技”战略与乡村振兴重大需求，聚焦稻田综合种养这一农业生态革命的创新范式，共分为六章：第一章为稻田综合种养技术概述，介绍稻田综合种养及水稻机插秧的发展现状与趋势；第二章为稻田综合种养模式与关键技术，介绍稻虾、稻鸭、稻蟹等多种较为成熟的现行综合种养模式相关的技术理论；第三章为机插水稻高产栽培技术，详细地介绍了机插稻从基地建设、品种选择到田间管理和收获的全阶段生产过程；第四章为机插水稻病虫害防控技术，介绍了田间典型病虫害及针对常见病虫害的绿色防控方法；第五章为稻田综合种养模式效益分析，结合全国和区域生产实践，依托多个案例详尽分析了稻田综合种养模式的经济效益、社会效益和生态效益；第六章为农业技术推广应用，从政策导向、生产需求、社会需求、推广方式等多个角度阐明稻田综合种养的必要性与可行性，以及推广中可能出现的问题及解决方案。

在编写过程中，我们注重理论与实践相结合，既介绍了稻田综合种养技术的基本原理和生态学基础，又提供了大量具体的操作案例和技术参数。我们希望，通过本书的介绍，读者能够全面了解和掌握稻田综合种养技术的核心要点和操作技能，为实际生产提供有力支持。我们特别强调，稻田综合种养不仅是技术体系的革新，更是农业哲学的回归——它用最朴素的生态逻辑宣告：人类无须以征服自然换取丰收，而是通过构建生命共同体实现永续发展。当鸭群在稻浪间巡游除虫，当蟹虾在根系网络间清理富营养水体，我们看到的不仅是经济效益的叠加，更是对“天人合一”农耕伦理的生动诠释。

最后，感谢所有为本书编写提供支持和帮助的专家、学者和同行。同时，也期待广大读者能够提出宝贵意见和建议，共同推动稻田综合种养技术的广泛应用和持续发展，为保障国家粮食安全、提高农民收入、改善农村生态环境作出积极贡献。

编　者

2024年12月

目 录

第一章 稻田综合种养技术概述……1

第二章 稻田综合种养模式与关键技术……4

第一节 稻鸭综合种养技术……4
第二节 稻虾综合种养技术……11
第三节 稻蟹综合种养技术……18
第四节 稻鳅综合种养技术……21
第五节 稻渔综合种养技术发展的限制及对策……24

第三章 机插水稻高产栽培技术……26

第一节 机插水稻的生育特点及栽培特点……26
第二节 机插水稻育秧技术……28
第三节 机插水稻大田栽插技术……39
第四节 机插水稻大田水肥管理……58

第四章 机插水稻病虫害防控技术……70

第一节 机插水稻主要病虫害的发生与识别……70
第二节 稻田综合种养绿色防控技术……98

第五章 稻田综合种养模式效益分析……103

第一节 经济效益分析……103
第二节 社会效益和生态效益分析……107

第六章 农业技术推广应用……108

第一节 农业科技推广概述……108
第二节 农业推广经营服务……111
第三节 稻田综合种养推广情况……114

参考文献……117

第一章　稻田综合种养技术概述

一、概念与内涵

稻田综合种养是在确保水稻种植主体地位的前提下，根据水稻的生物学和生态特征与鸭、鱼、虾等的特性相结合，利用生态共生的原理，将水稻种植与特色养殖有机结合在一起的高效立体种养模式。它不仅能稳定粮食种植面积，改善稻田生态环境，养殖鸭、鱼、虾等，还能控制田间虫害和杂草的生长，此外，动物的排泄物也可以为水稻生长提供养分，起到恢复和保持土壤肥力的作用，可以产生很好的经济效益，是一种循环高效、安全环保的生产模式。目前我国比较常见的稻田综合种养模式主要有稻田养鸭、稻田养鱼、稻田养虾、稻田养蟹、稻田养泥鳅等。

二、稻田综合种养的发展现状及趋势

（一）稻田综合种养的由来

稻田综合种养，这一融合了智慧与生态理念的农业模式，其历史可追溯至2000余年前的秦汉时期，甚至更早的汉朝，它深刻地体现了我国传统农耕文化的精髓，并在历史的长河中不断融合新的技术与理念，演变至今。

1. 历史起源

早在秦汉时期，我国就有了稻田养殖的实践。据史书记载，四川郫县在汉朝时期就盛行稻田养鱼，这一模式不仅丰富了当地的饮食文化，也展现了古代农民对自然资源的巧妙利用。此后，稻田养殖逐渐传播至全国各地，成为了一种重要的农业模式。

2. 文化与技术融合

稻田综合种养是中国传统农耕文化与现代农业技术相结合的典范。它充分利用了稻田这一独特的农业生态系统，将水稻种植与水产养殖有机结合，形成了生态循环农业模式。在这种模式下，水稻为水生生物提供了良好的生长环境，而水生生物的活动又促进了水稻的生长，二者相互依存，互利共生。这种生物共生原理的应用，不仅提高了土地利用率和农业生产效益，还有效地改善了农业生态环境。

3. 发展历程

传统农耕阶段:在古代,稻田综合种养主要以稻田养鱼为主,规模较小,主要供自家食用。这一阶段的实践为后来的发展奠定了坚实的基础。

稻田养殖阶段:新中国成立后,稻田养鱼得到了重视和发展。随着技术的进步和养殖品种的增多,稻田养殖逐渐形成了多种模式,如稻田养蟹、稻田养鸭等。

种养结合阶段:改革开放后,稻田养殖与水稻种植结合得更加紧密。农民们开始尝试在稻田中同时种植水稻和养殖水生生物,形成了多种养殖方法,如稻鱼共生、稻蟹共作等。这一阶段的实践不仅提高了农业生产效益,还有效地改善了农业生态环境。

生态种养阶段:进入 21 世纪后,稻田综合种养得到了更广泛的应用和推广。随着生态农业理念的深入人心,稻田综合种养逐渐成为了生态种养的重要模式之一。在这一阶段,稻田综合种养不仅注重农业生产效益的提高,还更加注重生态环境的保护和可持续发展。

(二)国内发展现状

根据《中国稻渔综合种养产业发展报告(2018)》所述,2017 年我国实施稻渔种养的省份有 27 个,种养面积超过 133.33 万 hm^2,实施的面积逐渐增加,稻田每亩(1 亩≈667 m^2)增加产值 1 000 元以上。云南、江西、湖南、湖北、重庆等地的模式主要建立在传统人工移栽的稻田,主要模式有稻田养鱼、稻田养螺、稻田养小龙虾;江苏的模式主要建立在先进的机插秧技术上,有稻田养鸭、稻田养鱼、稻田养鳖、稻田养小龙虾等;黑龙江等东北省份也采用机插秧技术,稻田种养的各种模式有稻田养鸭、稻田养鱼、稻田养鳖、稻田养小龙虾,还有稻田养泥鳅、稻田养螃蟹、稻田养蚂蟥等,但面积不大,主要以基地种养为主。

在政策鼓励上,近来来国家大力支持稻田综合种养的发展与实践,2022 年农业农村部发布了《农业农村部关于推进稻渔综合种养产业高质量发展的指导意见》,在坚决遏制耕地“非农化”、防止“非粮化”的基础上,牢牢守住保障国家粮食安全底线,坚持耕地粮食生产功能,保持水稻生产主体地位,科学利用稻田水土资源,提高水稻和水产综合生产能力,实现一水两用、一田多收;突出稻渔综合种养产业种养结合、生态循环、绿色低碳特点,减少农药和化肥使用,提高稻谷和水产品品质,提升稻田生态环境质量;发挥稻渔综合种养比较效益优势,健全联农带农机制,创新利益联结模式,打造全产业链,提高农民收益,调动农民生产积极性。全国常年稻田综合种养面积在 360 万 hm^2 左右。

(三)发展稻田综合种养的意义

稻田综合种养是稳粮增效、安全环保的生态循环农业措施。有调查显示,在稻田实施综合种养后,每亩可减少化肥使用量约 20%,减少农药使用量约 40%。因地制宜地开展稻田综合种养,不仅能提升水稻和鸭、鱼等农产品的品质,降低农业面源污染,还有利于节约成本,增加效益,提升休闲农业的趣味性与乐趣,促进产业富民、农民增收,实现经济效益、生态效益和社会效益的多赢。

二、机插水稻稻田综合种养的发展现状及趋势

(一)机插水稻稻田综合种养的分布与现状

机插水稻稻田综合种养主要分布在机插秧技术较为普及的江苏、浙江、上海与安徽等,以

及东北的黑龙江、辽宁、吉林三省。其中，江苏的种养模式主要有稻田养鸭、稻田养鱼、稻田养鳖、稻田养小龙虾等，面积主要集中在水产养殖基础较好的苏北地区，近几年苏南地区发展速度也较快，主要是随着绿色农业的推动而逐渐扩张；黑龙江等东北省份采用机插秧技术，稻田种养模式如前所述，此处不再赘述。

(二)发展趋势

由于机插水稻稻田综合种养的市场定位稍高，因此必须立足绿色优质、安全美味，以科技创新为基础，才能真正实现绿色兴农、产业惠农。机插稻田综合种养今后的水稻发展趋势主要有以下几个方面。

1. 标准化

消费者对安全、优质的农产品越来越认可，市场需求增加，刺激着优质农产品相关产业的发展。要想抓住机遇，首先，政府有关部门要加强引导，研究制定符合本地特色的发展规划，出台配套的支持政策；其次，农业技术推广部门要加强对新技术、新品种的引进试验和示范，将更多、更优、更绿色环保的产品和技术运用在机插水稻稻田综合种养上，采取多种多样的教学手段，让农民学好、用好新技术，解决农民的后顾之忧；最后，政府有关部门应与农户一道逐步建立相应的地方标准，监督农业的安全生产，确保产品在生产、加工、销售等方面，实现规模化和标准化，促进机插水稻稻田综合种养产业的健康发展。

2. 产业化

目前大部分地区的机插水稻稻田综合种养尚处在发展阶段，相关的种植、养殖产业联动性还不强，下一步要着力打造、深化各地区的生产、加工、经营、开发等相关产业，通过一二三产业的融合来带动发展，增加种植效益。例如，通过筹建稻谷产业联合体，初步打造“产供销”联合体，实现以大带小、以强扶弱。在产业开发上，要注重乡村旅游的带动作用，因为稻田不仅仅是农田，更是美丽生态环境的一部分。通过在鸭舍上喷绘卡通图案来美化稻田景观，同时开展观光景点和驿站的建设，把传统中的单一水稻种植模式向观光休闲发展。除参观游玩外，还可以在稻田开展摸鱼、抓鸭、收割等多种多样的农事活动，将市民从钢筋混凝土中吸引到生机盎然的绿色田野中，让他们在农事活动中感受大自然。机插水稻稻田综合种养产业化，可以通过休闲观光活动来延伸产业链，使农业生产的收益来源从以往的售卖农产品转为售卖服务与景色，进一步带动农业增效、农民增收。

3. 品牌化

在坚持生产高品质农产品的基础上，加大宣传力度，善于利用线上、线下宣传渠道，打造各地的品牌，积极组织相关企业参加各种博览会，提升当地稻谷的知名度，通过品牌溢价来提升效益。利用稻田综合种养已开展多年的优势，鼓励“三品一标”的产品认证，不断推动无公害、绿色、有机的老“三品”向“区域品牌”“产品品牌”“企业品牌”发展，整合资源，对不同的消费群体有针对性地开发对应的产品和销售策略。在水稻的育秧栽插直至收割、销售的全过程中，以市场为导向，多层次地满足消费者的特定需求。通过品牌的开发扩大农事生产的收益面，进一步强化本地品牌，利用“互联网农业”“农村淘宝”等线上、线下宣传渠道，提高机插水稻稻田综合种养的影响力，提高农民的收益。

第二章　稻田综合种养模式与关键技术

第一节　稻鸭综合种养技术

稻鸭综合种养技术(图 2-1),也称稻鸭共作,是将经过驯水训练的雏鸭日夜放养于移栽水稻活棵至灌浆初期的大田中,让稻、鸭在同一生态环境中共生共长的一种农业生产模式。其中选用的麻鸭,特指代替人工进行稻田中耕、除草、治虫等劳作的鸭种。

图 2-1　稻鸭综合种养技术

一、产量、品质指标

1. 产量指标

每亩产稻谷 500～750 kg,产鸭 20～30 kg。

2. 品质指标

产品安全标准:达 NY/T 419 的标准。质量标准:达 GB/T 17891 优质米 3 级以上标准。

二、产地环境条件

产地环境条件应符合 NY/T 391—2021《绿色食品 产地环境质量》的要求,并经过有资质的认证单位认定。

1. 产地生态环境基本要求

①应选择生态环境良好、无污染的地区。

②远离工矿区，公路、铁路干线和生活区，应距离公路、铁路干线，生活区 50 m 以上，距离工矿区 1 km 以上。

③应远离污染源，配备切断有毒有害物质进入产地的措施。

④不应受外来污染威胁，产地上风向和灌溉水上游不应有排放有毒有害物质的工矿企业；灌溉水应是深井水或水库等清洁水源，不应使用污水或塘水等被污染的地表水；产地土壤不应是施用含有毒有害物质的工业废渣改良过的土壤。

⑤应建立生物栖息地，保护基因多样性、物种多样性和生态系统多样性，以维持生态平衡。

⑥应保证产地具有可持续生产能力，不对环境或周边其他生物产生污染或威胁。

⑦利用上一年度产地区域空气质量数据，综合分析产地区域空气质量。

2. 隔离带要求

绿色食品生产区应和常规生产区之间保持距离，设置隔离带或缓冲带，以避免受到污染。

①可设立物理屏障。

②可利用地表水、山岭等自然界限。

③在绿色食品生产区边缘 5～10 m 处种植树木作为双重篱墙，隔离带宽度 8 m 左右。

3. 空气、水、土壤质量要求

产地环境质量应符合 NY/T 391 的要求。

4. 稻田要求

在选择稻田时，要选择冬季绿肥、油菜轮作的稻田。

三、品种选用

1. 水稻品种

一般选用符合 GB/T 17891—2017 优质米 3 级以上标准的高产、优质、多抗性水稻品种。优质稻谷分为优质籼稻谷、优质粳稻谷两类，其中，优质籼稻谷根据糙米的长度分为长粒（>6.5 mm）、中粒（5.6～6.5 mm）和短粒（<5.6 mm）3 种。优质稻谷质量以整精米率、垩白度、食味品质为定级指标，直链淀粉含量为限制指标。以 3 级为例，籼稻谷的整精米率长粒需≥44.0%，中粒需≥46.0%，短粒需≥48.0%，垩白度≤8.0%，食味品质分≥70，直链淀粉含量（干基）14.0%～24.0%；粳稻谷整精米率≥55.0%，垩白度≤6.0%，食味品质分≥70，直链淀粉含量（干基）14.0%～20.0%。

2. 鸭品种

一般选用生命力强、抗逆性好、活动时间长、食谱广、杂食性强的适合稻鸭共作的麻鸭品种。

麻鸭（Shelduck），雁形目鸭科鸟类，分布于欧亚大陆、非洲和大洋洲的内陆淡水地带。麻鸭介于鸭类和雁类之间，雌雄鸟都有较鲜艳的羽色，喜欢在陆地活动。麻鸭栖息于江河、湖泊、河口、水塘及其附近的草原、荒地、沼泽、沙滩、农田和平原疏林等各类环境中，尤喜平原上的湖泊地带，主要在内陆淡水地带生活，有时也见于海边沙滩、咸水湖区及远离水域的开阔草原上。

我国常见的麻鸭品种有高邮麻鸭、绍兴麻鸭、吴川麻鸭、微山麻鸭、缙云麻鸭、攸县麻鸭和赤麻鸭等。

四、育苗育雏

1. 水稻育苗

(1)苗床选择

选择有清洁水源、灌溉方便、无污染的土壤作为苗床。

(2)秧大田比

旱育秧为1∶20;机插秧为1∶100。

(3)旱育秧苗床培肥或营养土准备

苗床培肥,冬季前每亩施用碎秸秆1 500～2 000 kg、家畜粪1 500～2 000 kg,分3次翻耕入0～20 cm土层;春季每亩施用腐熟有机肥1 500～2 000 kg,翻耕入土并搅拌均匀;播前30 d每亩施用尿素20～35 kg、过磷酸钙65～100 kg、氯化钾25～35 kg,混合后分3次撒施于床面,并充分耖田,使肥料均匀混合于0～10 cm土层中。营养土准备,选用苗床培肥土或床土同一土壤类型的肥沃松土,用直径5 mm的筛子过筛,每亩准备6 500～10 000 kg细土。

(4)机插秧苗床培肥或营养土准备

苗床培肥,可参照水育秧培肥。营养土准备,选用基本无草害、虫害的沙壤土,在粉碎后用直径5 mm筛子过筛,每亩秧田备足细土150 kg。在播种前30 d,按100 kg细土加45%(15∶15∶15)复合肥350 kg的要求,充分翻耖2～3次后集中堆闷,然后进行培肥。

(5)苗床规格

旱育秧,苗床畦宽1.2～1.4 m,沟宽0.2 m、深0.3 m;机插秧,苗床畦宽1.4 m,沟宽0.25 m、深0.15 m。

(6)种子处理

种子经日晒、筛选后,每3～4 kg种子用防治水稻恶苗病和干尖线虫病的药剂及生长调节剂进行处理,如25%施保克(咪鲜胺)2 mL+10%浸种灵(二硫氰基甲烷)2 mL+15%多效唑3 g兑水5 kg搅拌均匀,浸48～72 h,捞出催芽,露白待播。

(7)播期

旱育秧,5月20日至6月10日;机插秧的秧龄为20 d。

(8)播量

每亩秧田播量,旱育秧为60 kg,机插秧为210 kg。

(9)播种流程

机插秧:铺盘(每亩秧田25张)→撒2.0 cm厚营养土→洒足底水→均匀播种→覆营养土0.5 cm→盖上地膜→膜上铺草。

(10)秧田管理

机插秧可采用软盘育秧技术或硬盘育秧技术进行秧田管理。秧田病虫草害视草害、病虫种类及发生程度进行绿色防控。

2. 苗鸭培育

(1)苗鸭准备

种蛋入孵时间为水稻栽插时间向前推28(±1)d。苗鸭(图2-2)必须经产地动物防疫检疫机构检疫并符合NY/T 1952的要求。

(2)对苗鸭进行健康检查

群体检查包括：

①静态，检查精神状况、外貌、立卧姿势、呼吸、反刍状态以及羽、冠、髯等。

②动态，检查运动时头、颈、腰背、四肢的运动状态。

③食态，检查饮食、咀嚼、吞咽时的状态。

此外，还应检查排便时的姿势，粪尿的颜色、含混物、气味。群体检查时发现异常个体应进行个体检查，无论群体检查是否发现异常，都应抽样检查5%～20%的个体。

图 2-2　苗鸭

个体检查包括：

①视诊，检查精神外貌、营养状况、起卧运动姿势、反刍以及皮肤、被毛、羽毛、冠、髯、呼吸、可视黏膜、天然孔、粪、尿等。

②触诊，触摸皮肤(耳根)温度、弹性，胸廓、腹部敏感性，体表淋巴结的大小、性状、硬度、活动性、敏感性等，嗉囊内容物性状。必要时进行直肠检查。

③叩诊，叩诊心、肺、胃、肠、肝区的音响、位置和界限，胸、腹部敏感程度。

④听诊，听叫声、咳嗽声、心音、肺泡气管呼吸音、肠胃蠕动音等。

⑤检查体温、脉搏、呼吸次数。

⑥检查渗出物、漏出物、分泌物、病理性产物的颜色、气味等。

(3)集中育雏

放入28～30 ℃的育雏室集中育雏，随着育雏日龄的增长而逐渐降低室温，直至与外界温度相适应。注意通风，尽早饮水、开食。饮水应配制成0.002%盐酸环丙沙星溶液，连用3 d。饲喂全价饲料或商品鸭饲料，每日4～6次，每平方米的饲养密度控制在50只以内，每群的饲养密度应在150只以内。育雏室内的垫料应经常更换，保持清洁、干燥。

(4)雏鸭驯水

雏鸭驯水宜在晴天进行，水池深15～20 cm，把水池的一面做成30°左右的斜面。第一次驯水最好在上午10点左右，驯水半个小时左右，将雏鸭全部赶上岸，在太阳光下让其梳理羽毛休息；第二次驯水在下午3点左右，时间宜适当延长，直至达到雏鸭能在水中活动自如、出水毛干的目的。对于一些体质较差、羽毛长时间不干的雏鸭，要烘干羽毛，减少死亡率。

五、大田种养管理

1. 田块选择

一般选择田块平整、灌溉方便、保水保肥性能良好的田块作为稻鸭共作生产用地。

2. 大田准备

(1)加固田埂

前茬作物收获后，要立即对稻鸭共作区周围的田埂进行增高加阔、夯实加固，做到不渗水、不漏水。一般要求田埂加阔至0.8～1 m，增高至0.3 m及以上。

（2）施足基肥

干耕前每亩绿肥还田不高于 2 000 kg，配施化学氮、磷、钾肥料，14～15 kg N、7～8 kg P_2O_5、7～8 kg K_2O。

（3）精细整地

在移栽前 5～7 d 干耕晒垡，上水耥平。机插秧大田在耥平后需沉实 1～2 d。

3. 水稻栽培管理

（1）适期移栽

机插秧，秧龄 20 d 左右的 3.5 叶龄的秧苗。

（2）移栽规格

机插秧移栽规格为 30 cm×12 cm，基本苗 7 万～8 万株。

（3）施肥

氮肥按 30%∶40%∶20%∶10%进行，磷肥全部用于基肥，钾肥 50%用于基肥，50%用于促花肥。

（4）水浆管理

水稻移栽后直至麻鸭离田前，要一直保持 5～10 cm 水层，根据麻鸭的生育进程由浅到深。麻鸭离田后，保持间歇湿润灌溉，干湿交替，养好老稻。

（5）病虫害防治

麻鸭在田时，由其进行生物防治，麻鸭离田后，视水稻病虫害发生状况用生物农药或符合 NY/T 393—2020 的农药及时进行防治。

有害生物控制应贯彻“预防为主，综合防治”的植保方针，从稻田生态系统的稳定性出发，综合应用农业防治、生物防治、物理防治和化学防治等措施，控制有害生物的发生和为害。农药使用应符合 NY/T 393 的规定。药剂应按照限定的用量及安全间隔期施用。合理混用、轮换交替使用不同作用机制或具有负交互抗性的药剂，克服和推迟病虫害抗病性的产生和发展。

（6）安全排水期

安全排水期为 5～7 d。

图 2-3　简易鸭棚

4. 田边防护

（1）打桩围网

在稻鸭共作区周围的田埂边，每隔 3 m 左右用毛竹梢或杂木棍打一桩，桩围尼龙网进行防护，尼龙网高 1 m，网眼 2～3 cm^2。此外，每 4～5 亩为一隔离区，打桩围网进行隔离，以控制麻鸭群的活动范围。

（2）搭建简易鸭棚

在每一隔离区的田埂边搭建一个 4～5 m^2 的简易鸭棚（图 2-3），作为麻鸭喂食、休息和躲避暴风雨等恶劣天气的场所。

（3）初放区

在每个简易鸭棚的前边稻田内，用尼龙网围一个 3～5 m^2 的初放区，以便雏鸭适应环境。

(4)特别防护措施

在黄鼠狼、水老鼠等天敌较多的地区,需采用特别的防护措施。

5. 麻鸭放养

(1)放养时间

水稻人工移栽后7～10 d,机插秧15 d左右及时放养经过驯水训练5～7 d的役用雏鸭。雏鸭需在初放区内放养2～3 d。

(2)放养数量

每亩放养役用雏鸭15～18只,每个隔离区放养60～90只。

6. 麻鸭饲喂管理

(1)雏鸭阶段

稻田放养后15 d内,适当补料,每天早、中、晚定时投喂3次。饲料应符合NY 5032—2006的规定。

(2)中鸭阶段

当麻鸭体重达到0.5 kg左右,饲料投喂次数改为早、晚2次,投喂量为早上少、晚上足。饲料品种可以以小麦、秕稻为主,搭配适量中鸭混合料。

(3)育肥阶段

在水稻抽穗前15～20 d,对麻鸭进行田间育肥催壮,投喂次数为每天2～3次,以成鸭颗粒饲料为主,搭配部分小麦、碎米等,投喂量要足。

7. 麻鸭"三防"

(1)防疫病

对于雏鸭孵化后鸭病的防治,宜在各地兽医部门指导下进行,兽药使用应符合NY/T 5030—2016的要求。麻鸭的防疫,应根据当地疫病的流行情况进行,遵照NY 5263—2004准则执行。

①应遵守最新的《兽药管理条例》的有关规定,凭兽医开具的处方使用兽用处方药,处方笺应当保存3年以上。

②谨慎使用抗菌药物。用药前宜做药敏试验,能用窄谱抗菌药物的就不用广谱抗菌药物,药敏试验的结果应进行归档。同时考虑交替用药,尽可能降低耐药性的产生。

③应严格按照农业农村部批准的兽药标签和产品说明书用药,如给药途径、剂量、疗程、动物种属、适应证、休药期等。

④不应超出兽药产品说明书范围使用兽药;不应使用农业农村部规定禁用的药物品种;不应使用人用药品;不应使用过期或变质的兽药;不应使用原料药。

⑤使用饲料药物添加剂时,应按GB 7300全部规定执行。

⑥应慎用拟肾上腺素药、平喘药、抗胆碱药与拟胆碱药、糖皮质激素类药和解热镇痛消炎药,并应严格按批准的作用与用途和用法与用量使用。

⑦非临床医疗需要,不得使用麻醉药、镇痛药、镇静药、中枢兴奋药、性激素类药、化学保定药及骨骼肌松弛药。

使用兽药应认真做好用药记录,至少包括动物种属、年(日)龄、体重及数量、诊断结果或用药目的,还有药物的名称、规格、剂量、给药途径、疗程、生产企业、批准文号、生产日期、生产批号等。使用兽药的单位或个人均应建立用药记录档案,并保存3年以上。另外,应记录在休药期内生产的鸭蛋的处理方式;应对药物的疗效、不良反应进行观察、记录;动物发生死亡时,应请专业兽医进行剖检,分析是药物原因还是疾病原因。

疫病预防应从三个方面进行:

①环境卫生条件。环境卫生条件应符合 NY/T 388—1999 的要求,污水、污物处理应符合国家环保要求;病死鸭应进行无害化处理等。

②饲养管理。引进的鸭只应来自经畜牧兽医行政管理部门核准合格的种鸭场,并持有动物检疫合格证明。运输鸭只所用的车辆和器具必须彻底清洗、消毒,并持有动物及动物产品运载工具消毒证明。引进鸭只后,应先隔离 7～14 d,确认健康后方可解除隔离。麻鸭的饲养管理、日常消毒、饲料及兽药、疫苗的使用应符合 NY/T 2122 的要求,并定期进行监督检查。麻鸭的饮用水应符合 NY 5027—2008 的要求。

③免疫接种。麻鸭饲养场应根据《中华人民共和国动物防疫法》及其配套法规的要求,结合当地实际疫病流行情况,有选择地进行疫病的免疫接种工作。

(2)防中毒

严防周围非稻鸭共作区的防治水稻病虫的农药污水流入或渗入稻鸭共作区内,一旦出现农药中毒症状,及时进行解毒处理。及时清除田内死鸭、死鱼等腐尸杂物,防止肉毒素中毒。一旦发现肉毒素中毒批量死鸭现象,要及时将中毒区域内的麻鸭赶到安全的环境中进行隔离观察。

(3)防中暑

在高温季节,始终保持田间水层在 10 cm 左右,以防中暑。

六、收获

1. 麻鸭收获

水稻抽穗后 7～10 d,及时将麻鸭从稻田中收回,然后加工出售或继续择地育肥。

2. 稻谷收获

当水稻籽粒黄熟时及时收获。

七、稻鸭共作的扩展模式

为了充分利用稻田生态系统潜在的时空、营养结构,实现资源的高效利用,可在稻鸭共作的基础上再加生产环、增益环和产品加工环,以提高稻田生态效益。目前发展较多的有稻＋鸭＋萍生态模式、稻＋鸭＋萍＋鱼当季复合生态模式、稻＋鸭＋草＋鹅周年生态模式。

1. 稻＋鸭＋萍生态模式

稻＋鸭＋萍生态模式充分发挥稻田生态系统时空上的独特优势,将具有不占用空间、不与水稻争夺养分等优点的绿萍引入稻鸭共作体系中,绿萍浮于水面,可以从大气中固定氮素、从水面上吸取所需营养,并具有富钾功能,在稻田中放养绿萍可以解决水稻 70%的氮素、钾素养分需求。稻田为绿萍、鸭提供良好的生长环境;绿萍不仅为鸭提供足够的饲料,还通过鸭的“过腹还田”方式,改善稻田土壤养分的供应状况;鸭的加入也解决了以往稻田养萍难的问题,还为水稻、绿萍控草、控虫、施肥,为绿萍分萍、倒萍等。稻＋鸭＋萍生态模式使绿萍在稻田生态系统中的积极作用得到了充分发挥,对稻田生态系统中物质和能量的流失起到了截留作用,使稻田生态系统向着良性循环的方向发展,提高稻田生态系统的生态承载力和物质产出能力。

2. 稻＋鸭＋萍＋鱼当季复合生态模式

稻＋鸭＋萍＋鱼当季复合生态模式是在稻田中把水稻、鸭、绿萍以及鱼有机地结合在一起，在有限的稻田时空结构中，同时生产出更多的无公害优质农产品。在这个系统中，稻田为鸭、绿萍、鱼提供足够的生长、生活空间；田间杂草、害虫、绿萍等为鸭和鱼提供饵料；鸭和鱼为水稻、绿萍控草、控虫、施肥、翻萍、倒萍等，并为水稻松土，刺激水稻生长。

3. 稻＋鸭＋草＋鹅周年生态模式

稻＋鸭＋草＋鹅周年生态模式是在稻鸭共作之后种草养鹅，构建一种农牧结合的全年生态种养模式。田间试验表明，草＋鹅种养模式能有效控制田间的冬季杂草，可以取代除草剂。与稻＋麦种养模式相比，土壤肥力显著提高，土壤理化性质明显改善。而且，牧草是营养丰富的植物，含赖氨酸较多，蛋白质品质优于谷类，矿物质营养丰富；鹅的觅食能力强，消化道极其发达，消化率高，能充分利用牧草。

稻鸭共作技术在全国大部分稻区都有一定的应用，各地看到无公害稻鸭共作的技术优势、生态优势和食品安全优势，纷纷扩大应用面积，但也出现了一些值得注意的问题，一方面，我国的水稻生产大多是分散经营的，每个农户在应用技术时措施不统一、不到位，农业技术推广部门服务不及时；另一方面，我国市场经济还不十分成熟，优质优价不能充分实现，部分地方出现稻谷和鸭(包括鸭肉)的价格难以提高，特别是鸭集中上市，会在短时间内出现难以销售的情况。针对这些情况，我国稻鸭共作技术的发展机制应当采取“政府服务(包括补贴)＋农户生产(包括企业基地的自我生产)＋企业加工销售”的模式，政府出台政策鼓励农户(包括农业企业)采用稻鸭共作技术并协调好相关工作，企业负责无公害物资(包括品种)的供应、技术的集成，农户按照企业的技术操作规程组织无公害稻鸭共作技术的水稻生产和鸭饲养，最终企业加价进行稻谷和鸭的收购，确保农户种稻收益增加。通过集种植、养殖、加工、销售于一体的综合链式开发，创造品牌优势，使稻鸭共作技术真正落到实处。

稻鸭共作继承了中国传统农业的精华，充分利用、合理保护了自然资源，有效连接了不同的农业产业，是新时期水稻可持续生产的最佳选择。中国是水稻生产大国，也是鸭的生产大国，稻鸭共作实现了这两个优势产业的强强联合、紧密结合，成为最有优势、潜力、生命力的产业。中国是大米和鸭的消费大国，安全、优质的大米和鸭有着巨大的消费市场，现代水稻生产只能生产出普通稻谷，稻鸭共作却能够同时生产有机稻谷、有机鸭、有机肥；现代水稻生产依赖于化肥、农药等大量的物质投入，难以持久发展下去，稻鸭共作只需稻种、苗鸭、萍种等少量的物质投入就能够实现稻、鸭、萍的持续生产，投入大为减少，产出大为提高。

第二节　稻虾综合种养技术

稻虾综合种养技术，是指在一个周年的时间里，稻虾综合种养的田块既能收获一季水稻，又能养殖一季商品性的小龙虾。

一、产地环境条件

产地环境应符合 NY/T 5361—2016 和 NY/T 5010—2016 的规定。选择无工业、农业、林业、医疗及生活废弃物和废水等污染的产地进行综合种养。养殖用水应无异色、异臭、异味。选择水源充足、排灌方便、水质良好、无污染、保水能力强的田块。

灌溉水基本指标包括总汞、总镉、总砷、总铅和铬(六价)含量。此外,可根据当地环境特点和灌溉水的来源特性,补充监测氰化物、化学需氧量、挥发酚、石油类、全盐量及粪大肠菌群量。

养殖用水水质要求:总大肠菌群≤5 000 个/L,总汞≤0.000 1 mg/L,镉≤0.005 mg/L,铅≤0.05 mg/L,铬(六价)≤0.05 mg/L,砷≤0.05 mg/L,石油类≤0.05 mg/L,挥发酚≤0.005 mg/L,五氯酚钠≤0.01 mg/L,甲基对硫磷≤0.000 5 mg/L,乐果≤0.1 mg/L,呋喃丹≤0.01 mg/L。

土壤环境质量监测指标分为基本指标和选测指标,基本指标包括总汞、总砷、总镉、总铅、总铬 5 项,选测指标包括总铜、总镍、邻苯二甲酸酯类总量 3 项。

淡水养殖产地环境保护应做到加强环境保护,实施环保措施,防范污染。应设置并明示产地标识牌,内容包括产地名称、面积、范围和防污染警示等。

二、田间工程

1. 田块选择

如图 2-4 所示,一般选择地势平坦、水源充足、周边无污染源、排灌分开且方便、土壤不是沙土地、最外围田埂坚实不漏水的田块。环境和底质应符合 GB 15618、NY/T 847 和 NY/T 5361 的规定。底质应符合总汞≤0.2 mg/kg,镉≤0.5 mg/kg,铅≤60 mg/kg,铬≤80 mg/kg,砷≤20 mg/kg,滴滴涕≤0.02 mg/kg。

图 2-4 稻虾综合种养田块

2. 田间工程建设

稻虾综合种养的田块以最大不超过 60 亩为种养区域,尽量利用现有的田埂沟渠,并把最外围的田埂加高到 60 cm 以上,宽度 2 m。

3. 进水、排水

进水、排水系统应独立设置,严禁进、排不分。进水、排水口应设在田块相对的两角,高进低排。进水口设在田埂上,排水口设在环沟底部最低处,并用 80 目尼龙网封口。

4. 设置防逃网

在最外围田埂设置防逃网,距离地面 20 cm,可选用塑料布、彩钢瓦等,底下埋入土中 10～

15 cm 并压实，地上保留 20～30 cm，并每隔 2 m 用木竹桩或不锈钢棍固定并拉紧网片。

5. 田间消毒

田间消毒用药执行 GB/T 19630—2019 的规定。可使用生石灰、漂白粉、二氧化氯、茶籽饼、高锰酸钾和微生物制剂对养殖水体和池塘底消毒，以预防疾病的发生，例如，稻田改造完成后，加水至比田面高 10 cm 左右处，用生石灰 100 kg/亩带水进行消毒。

三、种植水草

田面上应种植伊乐藻(图 2-5)，种植时间为前一年 11 月至第二年 2 月，采用条带状种植，宽度 8～10 m，株距 5～8 m，浅水区种草，先挖坑、再放草，后压土，也可直接叉草扎入泥土中。水草的覆盖度以 30%为宜。

边沟内选种伊乐藻、轮叶黑藻、空心莲子草等水草，种植面积占边沟面积的 30%左右。伊乐藻种植时间同田面上种植时间，轮叶黑藻种植时间宜在 3 月，空心莲子草宜在春季水温高于 15 ℃时种植。

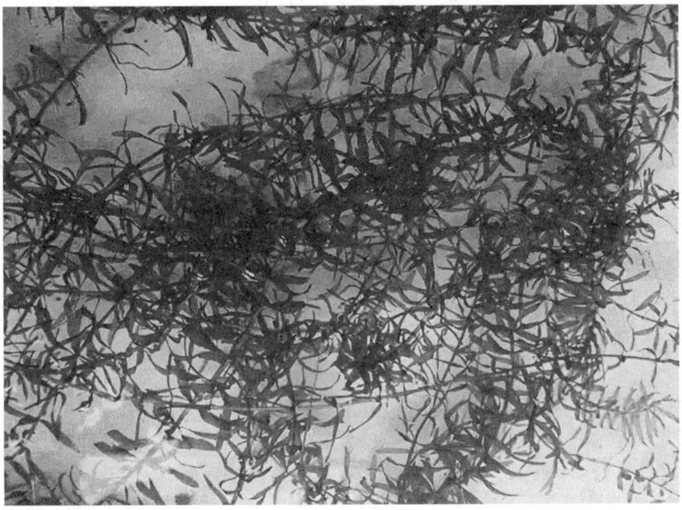

图 2-5　伊乐藻

四、种养品种选择

1. 水稻

宜选择茎秆粗壮、分蘖力强、抗倒伏、抗病、丰产性能好、品质优、适宜当地种植的水稻品种。例如，根据南京稻区的水稻适应性，应选择南粳 5055、南粳 3908、南粳 46 等优质抗性好的品种。

2. 克氏原螯虾种苗

应选择健康的优质克氏原螯虾(小龙虾)种苗。优先选择具有水产种苗生产经营许可证的本地企业生产的种苗，并经检疫合格。种苗运输时间不宜超过 2 h。

如图 2-6 所示，克氏原螯虾虾苗质量宜符合要求：规格整齐；体色为青褐色最佳，淡红色次之；附肢齐全、体表光滑；反应敏捷，活动能力强。

图 2-6 优质克氏原螯虾虾苗

五、水稻栽培

水稻栽培管理应执行 GB/T 43508-2023 稻渔综合种养通用技术要求的有关规定。稻田工程应保证水稻有效种植面积，保护稻田耕作层，沟坑占比不超过 10%。每亩水稻栽插 1.8 万穴左右，每穴 4～5 株，行株距配置为 30 cm×12 cm。

稻渔综合种养技术规范中，应按技术指标要求设定水稻最低目标单产。共作模式中，水稻栽培应发挥边际效应，通过边际密植，最大限度地保证单位面积水稻种植穴数；轮作模式中，应做好茬口衔接，保证水稻有效生产周期，促进水稻稳产。

1. 水稻、水草绿色施肥

(1)秸秆还田

前茬水稻机收时留茬 30 cm 左右，收割后及时将 1/2 以上已粉碎的秸秆搜集并垒成垛状，垛高 50 cm 左右，实现秸秆全量还田，并逐步分解。

(2)水草还田

5～6 月，在克氏原螯虾捕获上市后，伊乐藻脱水 2～3 d 经太阳暴晒后，便可直接进行水稻机插秧，让田面水草全部还田。

(3)基施化肥

一般在进行水稻机插秧前，每亩基施经腐熟的有机肥 500 kg，或饼肥 100 kg 左右；用 45% 缓释性复合肥 30 kg/亩做基肥。

(4)适度追肥

水稻分蘖期 10 kg/亩，追施穗肥 10 kg 复合肥和 5 kg 尿素用作促保兼顾。在水草生长的关键时期，追施液态生物有机肥 20 kg/亩或尿素 5 kg/亩。

2. 水稻绿色防控

(1)农业防治

选用优质、高产、抗病、抗虫、抗倒伏水稻品种。

(2)物理防治

每 30 亩安装 1 台太阳能杀虫灯(图 2-7 左)。

(3)生态防治

利用性诱剂诱杀或干扰害虫交配，每 200 m^2 安插 1 个性诱捕器(图 2-7 右)，连片设置，诱芯每隔 15 d 左右换 1 次，诱捕器距离水稻冠层以上 15～20 cm。还可以投放赤眼蜂控制害虫、在四周田埂种植香根草诱杀害虫等。

六、克氏原螯虾养殖

1. 虾苗投放时间、规格

克氏原螯虾虾苗一般在水稻移栽前的 3 月中旬～4 月初投放；在秧苗返青后，根据稻田存留幼虾情况，补充投放第二批虾苗。虾苗规格为 200～300 尾/kg。

图 2-7　杀虫灯(左)和性诱捕器(右)

2. 虾苗投放密度

克氏原螯虾养殖虾苗投放密度为 4 000 尾/亩。投放第一批虾苗时，规格 3～4 cm 的虾苗，投放量宜为 6 000～8 000 只/亩；规格 4～5 cm 的虾苗，投放量宜为 5 000～6 000 只/亩。投放第二批虾苗时，规格为 5 cm 左右的幼虾，投放量宜为 2 000～4 000 只/亩。

3. 成虾捕捞

一般养殖周期为 30～50 d，于 5 月中下旬集中捕捞上市，克氏原螯虾亩产量一般为 80 kg 左右。如图 2-8 所示，捕捞完毕后，实行第一次清塘。

图 2-8　养殖户在捕捞克氏原螯虾(2022 年 5 月 15 日)

七、虾苗投放方法

将虾苗投放在浅水区或水草丰盛的水草上，让虾苗自行入水。

虾苗一般采用塑料框铺水草保湿运输，如离水时间较短，可以直接将虾分开放到浅水区或水草较多的地方，使其自行进入水中；如离水时间较长，则放养前应先将虾苗在稻田水中浸泡 1 min 左右，提起搁置 2～3 min，再浸泡 1 min，再搁置 2～3 min，如此反复 2～3 次，使虾苗体表和鳃腔吸足水分，再将虾苗分开轻放到浅水区或水草较多的地方，使其自行进入水中。

1. **投饲管理**

(1)饲料要求

克氏原螯虾养殖过程中投喂的饲料执行 GB/T 19630—2019 的规定。

(2)投喂方法及投饲量

投喂方法实行“四定四看”。放苗后第 3 天开始少量投饵,并随着生长速度加快逐渐增加投饵量,以投饲后 2～3 h 内基本吃完为宜。正常天气条件下,一般每天投饲两次,分别在早晨、傍晚投放,一般日出前投放日投饵量的 30%左右,日落后投放日投饵量的 70%左右。日投饵量为存田虾重量的 3%～8%。阴雨天、脱壳期、发病期、越冬期少投或不投。

(3)克氏原螯虾专用配合饲料

饲料种类包括植物性饲料、动物性饲料和克氏原螯虾专用配合饲料。提倡使用克氏原螯虾专用配合饲料,配合饲料应符合 GB 13078 和 NY 5072 的要求。饲料卫生指标要求,需要检测无机污染物,如总砷、铅、汞、镉、铬、氟、亚硝酸盐等;真菌毒素,如黄曲霉毒素 B_1、赭曲霉毒素 A、玉米赤霉烯酮、脱氧雪腐镰刀菌烯醇、T-2 毒素、伏马毒素(B_1+B_2)等;天然植物毒素,如氰化物、游离棉酚、异硫氰酸苯酯、噁唑烷硫酮等;有机氯污染物,如多氯联苯、六六六、滴滴涕、六氯苯等;微生物污染物,如霉菌、细菌、沙门菌等。

(4)加工渔用饲料所用原料

加工渔用饲料所用原料应符合各类原料标准的规定,不可使用受潮、发霉、生虫、腐败、变质及受到石油、农药、有害金属等污染的原料;皮革粉应经过脱铬、脱毒处理;大豆原料应经过破坏蛋白酶抑制因子的处理。

(5)有机水产投喂的饵料

有机水产投喂的饵料应是有机的、野生的或认证机构许可的。在有机的或野生的饵料数量或质量不能满足需求时,可投喂最多不超过总饵料量 5%的常规饵料。在出现不可预见的情况时,可在获得认证机构评估同意后,在该年度投喂最多不超过 20%的常规饵料。饵料中的动物蛋白至少应有 50%来源于食品加工的副产品或其他不适于人类消费的产品。在出现不可预见的情况时,可在该年度将该比例降至 30%。可使用天然的矿物质添加剂、维生素和微量元素;不能满足水产动物营养需求时,可使用规定的矿物质、微量元素和人工合成的维生素。不应在饵料中添加或以任何方式向水生生物投喂的物质:合成的促生长剂、诱食剂、抗氧化剂和防腐剂;合成色素;非蛋白氮;与养殖对象同科的生物及其制品;经化学提纯的氨基酸;转基因生物或其产品。

2. **疾病防治**

克氏原螯虾养殖过程中的疾病防治执行 GB/T 19630—2019 的规定。

应通过预防措施来保证养殖对象的健康。所有的管理措施都应旨在提高生物的抗病力。养殖密度不应影响水生生物的健康,不应导致其行为异常。应定期监测生物的密度,并根据需要进行调整。可使用生石灰、漂白粉、二氧化氯、茶籽饼、高锰酸钾和微生物制剂对养殖水体和池塘底泥进行消毒,以预防水生生物疾病的发生。可使用天然药物预防和治疗水生动物疾病。在预防措施和天然药物治疗无效的情况下,可对水生生物使用常规渔药。在进行常规药物治疗时,应对患病生物采取隔离措施。不应使用抗生素、化学合成药物和激素对水生生物实行日常的疾病预防处理。

3. 日常管理

每天早、晚各巡田一遍，观察稻田的水质变化以及克氏原螯虾的吃食、蜕壳生长、活动、有无病害等情况，及时调整投饲量，发现虾大量浮头、爬草、爬坡等异常应及时开启增氧设施、换水、用药等预防控制措施。定期检查、维修防逃设施，发现问题及时处理。

4. 水位调控

一般畦面水深应保持在 30～60 cm。放苗初期应浅水增温，并随气温升高逐步抬高水位，捕虾时田间水位应控制在 30～40 cm。稻虾综合种养中的水位控制见表 2-1。

表 2-1　稻虾综合种养中的水位控制

时期	水位
1—2 月	高于田面 50 cm 左右
3 月	高于田面 30 cm 左右
4 月	高于田面 40 cm 左右
5 月至整田前	高于田面 50 cm 左右
整田至 7 月	高于田面 5 cm 左右
7—9 月	高于田面 20 cm 左右
晒田期	低于田面 30 cm 左右
水稻收割前 7 d 至水稻收割	低于田面 20～30 cm
水稻收割后至 11 月	高于田面 30 cm 左右
11—12 月	高于田面 40～50 cm

5. 水质调节

在种苗培育期，宜施发酵腐熟的有机肥，施用量为 100～150 kg/亩，再结合补肥、加水、换水等措施使整个养殖期间水体透明度控制在 25～35 cm。其他时间根据水色、天气和虾的活动情况，采取补肥、加水、换水等方法调节水质，使水体透明度控制在 35～45 cm。

八、克氏原螯虾捕捞及水稻收割

1. 克氏原螯虾捕捞

用地笼、虾笼固定放置在环沟或畦面上，傍晚投放，早晨收笼。每一茬虾都尽量捕净并清塘，做到“茬茬清净”。

投放幼虾时，第一批成虾捕捞时间为 4 月下旬至 6 月上旬；第二批成虾捕捞时间为 8 月上旬至 9 月底。投放亲虾时，幼虾捕捞时间为 3 月中旬至 4 月中旬；成虾捕捞时间和投放幼虾时相同。

捕捞工具以地笼为主。幼虾捕捞地笼网眼规格以 1.6 cm 为宜；成虾捕捞地笼网眼规格以 2.5～3.0 cm 为宜。

在捕捞初期，将地笼放在田面上及边沟内，隔 3～5 d 换一个地方。当捕获量渐少时，降低稻田水位，使虾落入边沟内，再集中在边沟内放地笼。用于繁育克氏原螯虾种苗的稻田，在秋季进行成虾捕捞时，当日捕捞量低于 0.5 kg/亩时停止捕捞，剩余的虾用来培育亲虾。

2. 水稻收割

判断不同水稻的成熟期表现，及时收割。收割时间一般为 10 月中下旬至 11 月上旬。水稻收割留茬 40 cm 左右，并将田面散落的稻草集中成小草堆。

九、生产记录

稻虾综合种养应全程记录建档，记录档案保存 2 年以上，包括克氏原螯虾和水稻的品种来源、投入品的来源与使用、稻虾种养过程、克氏原螯虾和水稻的销售等。

第三节　稻蟹综合种养技术

稻蟹综合种养技术是一个根据水稻与中华绒螯蟹（图 2-9）共生理论的技术，在稻蟹综合种养的环境内，蟹能清除田中的杂草，吃掉害虫，排泄物可以肥田，促进水稻生长；水稻为蟹的生长提供丰富的天然饵料和良好的栖息条件，互惠互利，形成良性的生态循环。

图 2-9　中华绒螯蟹

一、产品指标

1. 水稻

水稻产量在 6 000 kg/hm^2 以上，稻谷达到 NY/T 419 绿色食品标准以上。

2. 商品蟹

商品蟹应符合 GB/T 19783 的规定，产量 50～100 kg/亩，平均规格 100 g/只以上，无病、无残肢，达到 NY/T 841 绿色食品以上标准。

二、环境条件

1. 产地环境

产地环境应符合 NY/T 391 的要求。

2. 水源水质

水源水质应符合 GB 11607 的规定。

3. **养蟹稻田选择**

稻田单元养殖面积以 2.5～4.0 hm^2 为宜，应水源充足、排灌方便、保水性能好。

三、田间工程

1. **加固田埂**

田埂加固夯实，顶高 50～60 cm，顶宽 50～60 cm，底宽 100～120 cm。

2. **开挖蟹沟**

蟹沟占稻田总面积小于 10%，四周挖环沟，沟宽 2～3 m，深 0.8～1.0 m。单元面积较大的稻田中间再适当增加蟹沟。

3. **防逃设施**

在稻田插完秧后、蟹苗放养之前，用薄膜设置防逃墙，下端埋入土中 15～20 cm，地上部分高 60 cm。稻田进水口、排水口安装防逃网。

4. **稻田消毒**

用生石灰或漂白粉对田块进行消毒，生石灰用量为 100～150 g/m^2，漂白粉用量为 7.5～15 g/m^2。

四、水稻栽培

1. **品种选择**

选用高产、优质、多抗的适宜品种。

2. **栽插方式**

田块整平后适期机械插秧，行距 25 cm 或 30 cm，常规稻株距 12～14 cm，每穴 4～5 苗；杂交稻 18～20 cm，每穴 1～2 苗。

3. **施肥管理**

稻田施肥应符合 NY/T 394 要求。

(1)持续发展原则

绿色食品生产中所使用的肥料应对环境无不良影响，有利于保护生态环境，保持或提高土壤肥力及土壤生物活性。

(2)安全优质原则

绿色食品生产中应使用安全、优质的肥料产品，生产安全、优质的绿色食品。肥料的使用应对作物不产生不良后果。

(3)化肥减控原则

在保障植物营养有效供给的基础上减少化肥用量，兼顾元素之间的比例平衡，无机氮素用量不得高于当季作物需求量的一半。

(4)有机为主原则

绿色食品生产过程中肥料种类的选取应以农家肥料、有机肥料、微生物肥料为主，化学肥料为辅。

不应使用有稀土元素的肥料，成分不明确的、含有安全隐患成分的肥料，未经发酵腐熟的人畜粪尿。

不应使用生活垃圾、污泥和含有害物质的工业垃圾，转基因品种及其副产品为原料生产的肥料，以及国家法律规定不得使用的肥料。

氮磷钾施肥比例为 1∶0.5∶0.5，氮总量 210～240 kg/hm^2，基肥氮肥 30%，分蘖氮肥 40%，穗肥氮肥 30%，磷肥全部做基肥，钾肥一半做基肥、一半做促花肥。追肥时应避开蟹沟，分区轮施。

4. 水位管理

分蘖期水位控制在 3～5 cm，孕穗期水位控制在 10～20 cm，收割前 10 天排干水分。在整个稻田养殖周期内，在不影响水稻生长的条件下，尽量加深水位，不进行搁田。

5. 病虫草害防治

应符合 NY/T 393 和 SC/T 1135.1 的要求。绿色食品生产中有害生物的防治需遵循的原则如下。

(1)以保持和优化农业生态系统为基础

建立有利于各类天敌繁衍和不利于病虫草害滋生的环境条件，提高生物多样性，维持农业生态系统的平衡。

(2)优先采用农业措施

如选用抗病虫品种、实施种子种苗检疫、培育壮苗、加强栽培管理、中耕除草、耕翻晒垡、清洁田园、轮作稻茬、间作套种等。

(3)尽量利用物理和生物措施

如温汤浸种控制种传病虫害，机械捕捉害虫，机械或人工除草，用灯光、色板、性诱剂和食物诱杀害虫，释放害虫天敌等。

(4)必要时合理使用低风险农药

如没有足够有效的农业、物理和生物措施，在确保人员、产品和环境安全的前提下，可以按照相关规定使用农药。

6. 收割

水稻籽粒完熟后，先捕蟹，再收割水稻。

五、蟹种养殖

1. 蟹种选择

选择规格整齐、活力强、肢体完整、无病且体色有光泽、性腺未成熟的幼蟹，一般 100～200 只/kg。

2. 蟹种暂养

(1)暂养池

选择邻近水源的稻田、沟渠，按养蟹面积的 10%～20%修建暂养池，池深 1 m 以上，水深 0.5 m。

(2)暂养时间

2～3 月，将购进的幼蟹先暂养在四周环沟中，在机插水稻活棵返青后，将蟹种放入稻田。

(3)蟹种入池

暂养密度为 4.5×10^4 只/hm^2，并用 3%～5% NaCl 溶液或 20 mg/L 高锰酸钾溶液浸泡消毒，时间为 5～8 min。

(4)暂养管理

投喂优质饵料，饲料以全价配合饲料为主，动物性饲料为辅。每天投喂 1 次，投喂量占蟹总重量的 3%～5%；根据蟹吃食情况适度调整投喂量；7～10 d 换一半的池水，并调节水质。

3. 水草栽养

蟹种放养前，在围沟内移栽苦草、水花生等，水草覆盖度在 30%左右。

4. 蟹种放养

蟹种放养密度为 0.75 万～1.2 万只/hm^2。

5. 投喂管理

(1)饲料质量

饲料质量应符合 GB 13078 和 NY/T 471 规定，配合饲料粗蛋白含量在 30%～40%，投喂的饲料应新鲜，无腐败、变质。每天傍晚投喂 1 次，根据取食情况、天气等适度调整，蜕壳期前 2～3 d，可适量添加蜕壳素。

(2)饲料和饲料添加剂

饲料和饲料添加剂应符合单一饲料、饲料添加剂、配合饲料、浓缩饲料和添加剂预混合饲料质量标准的规定。饲料添加剂和添加剂预混合饲料应来源于有生产许可证的企业，并具有产品标准及其文号。从感官角度，要求具有该饲料应有的色泽、气味及组织形态特征，质地均匀，无发霉、变质、结块、虫蛀及异味、异物。配合饲料应营养全面，各营养素间相互平衡。

(3)饲料原料

饲料原料可以是已经通过认定的绿色食品，也可以是来源于绿色食品标准化生产基地的产品，或经绿色食品工作机构认定、按照绿色食品生产方式生产、达到绿色食品标准的自建基地生产的产品。

遵循不使用同源动物源性饲料的原则，不应使用工业合成的油脂。

六、日常管理

1. 水质调节

每 7～10 d 进行 1 次换水，具体应视田内水质情况决定，每次换水量不超过 10%。换水时间控制在 3 h 内，水温温差不超过 3℃。蜕壳前后勤换新水，蜕壳高峰期可适当注水，不换水。

2. 勤巡田边

注意观察水质变化情况，蟹生长情况、吃食情况是否正常，有无病、死蟹以及田埂是否漏水，并注意防止水蛇、老鼠、青蛙、大型鸟类、野杂鱼等敌害生物。

3. 病害防治

蟹病以预防为主，蟹种、底土、水等严格消毒，药物使用应符合 NY/T 755 规定。

七、捕捞

9 月下旬开始陆续捕捞，保持蟹附肢完整。

第四节　稻鳅综合种养技术

除了稻鸭综合种养技术、稻虾综合种养技术、稻蟹综合种养技术外，开发和试验推广中的综合种养技术还有稻渔综合种养技术、稻鳅综合种养技术、稻鳖综合种养技术等。与前述技术类似,这些综合种养技术也需从稻作种植和养殖两个方面综合开展。从种植角度,水稻在生长各个阶段适宜的水分管理是优质和高产的基础;从养殖角度,鱼、鳅、鳖等入水和收获时期的选择非常重要,既要让这些养殖动物种苗能够良好地存活,也要保障它们有充足的生长时间。

一、田间工程

1. 面积

平原地区以10～15亩为宜;山区和丘陵地区以1～5亩为宜。

2. 边沟

边沟应根据田块地形和大小,因地制宜,在距离田埂内侧1 m处开挖边沟,可挖成口形、U形、L形、I形等,沟宽1～2 m,深0.5～1 m,坡比为1∶1;在交通便利的一侧留出宽4 m左右的机械作业通道。

3. 田间沟

田间沟应根据田块大小,在稻田中央挖“十”字形或“井”字形田间沟,宽30～40 cm,深30～40 cm,与边沟相通。

4. 暂养坑

需在进水口和边沟交会的地方开挖暂养坑,占稻田面积的0.5%～1%,长宽比以3∶2为宜,深1～1.5 m。在暂养坑底铺一层厚0.1～0.2 mm的塑料膜,然后在塑料膜上平压一层10～15 cm厚的泥土;在暂养坑上方设置遮阳网,遮阳网的面积应达到暂养坑面积的80%。

5. 田埂

田埂需加高、加宽、加固,田埂比田面高60～80 cm,底宽120 cm,顶宽80 cm。田埂应夯实,不漏水。

6. 进、排水口

进、排水设施需相对独立。进水口建在田埂上,离田面50 cm高;排水口建在边沟最低处。稻田进、排水口呈对角的位置,安装双层防逃网。进水口宜用长1.5 m、直径0.3 mm(50目)网袋;排水口外层宜用0.4 mm(40目)孔径聚乙烯网,内层宜用0.4 mm(40目)孔径铁丝网做成拦鱼栅。

7. 防逃设施

在田埂四周内侧埋设防逃设施,宜用0.4～0.6 mm(30～40目)孔径的聚乙烯网片,高出田埂和进水口20～30 cm,用木杆、小竹竿或其他材料固定,并埋入土下40～50 cm,四角呈圆弧形。

二、鳅种选择

养殖的鳅种应来自具有水产种苗生产经营许可证的企业,并经检疫合格。亲鱼需为从江河、水库和湖泊等未经人工放养的天然水域中捕捞的亲鱼,或从天然水域采集的种苗经人工培育后获得的亲鱼,或由省级及省级以上的原(良)种场提供的亲鱼。鳅种须为上述亲鱼人工繁殖的鱼苗,应当具备体色正常、活动力强、对外界环境条件的变化反应灵敏等品质。畸形率小于1%,伤残率小于1%。

三、鳅种运输与放养

鳅种运输前,宜用3%～4%的食盐和小苏打合剂(1∶1)消毒,浸洗5～10 min。宜采取氧气袋充氧运输，每袋装水 3 kg，3～4 cm 规格的鳅种 800～1 000 尾。运输时间以不超过 6 h 为宜。

秧苗移栽 10～20 d 后，放养鳅种。放养的鳅种要求体质健壮、体表光滑、无病无伤、活动力强。投放时应进行温差调整，可将氧气袋放入拟投放的水体 30 min 左右，在氧气袋内外水温温差≤2 ℃后再打开氧气袋，让鳅种游入水体。我国中部和南方地区，宜放养 3～4 cm/尾规格的鳅种 1 万～1.5 万尾/亩；北方地区，宜放养 7～8 cm/尾规格的鳅种 0.5 万～0.8 万尾/亩。

鳅种放养前 10 d 左右，按照沟坑面积施经发酵的有机肥 200～250 kg/亩，主要施入沟坑内。粉料投喂 10～15 d，破碎料投喂 20～30 d，之后调整为颗粒饲料继续投喂，蛋白质含量以 25%～30%为宜。利用稻田饵料资源，减量投喂，日投饲量以鳅种体重的 1%～3%为宜。阴天和气压低的天气应减少投饲量。每次投喂的饲料量，以 1～2 h 吃完为宜。在水温高于 30 ℃或低于 20 ℃时不投喂。投喂地点选在边沟和暂养坑内，每天宜在上午 9 点左右和下午 5 点左右各投喂一次。投喂应定时、定位、定质、定量。

四、泥鳅常见病害及诊断方法

表 2-2 列出了泥鳅常见病害及诊断方法。

表 2-2　泥鳅常见病害及诊断方法

病名	病原体	症状	流行季节	诊断方法
水霉病	水霉或绵霉	初期病灶部位出现白斑，严重时菌丝伸展呈棉絮状	主要流行于冬、春季，泥鳅的各种规格均可发病	根据症状可作出初步的诊断
烂鳃病	柱状纤维黏细菌	病鱼离群独游，游动缓慢，食欲不振，体色发黑，鳃丝腐烂发白，尖端软骨外露，鳃上有泥污，多黏液，严重者会“开天窗”	鳅种和商品鱼均可发病，每年 4～10 月最为流行	根据症状可作出初步的诊断
红鳍病	细菌	背鳍附近表皮脱落，呈灰白色，肛门处发红，肌肉开始腐烂，严重时出现鳍条脱落，不摄食，衰弱至死亡	每年 6～9 月发病较高	根据症状可作出初步的诊断
肠炎病	点状产气单孢菌	病鱼腹部膨大，肛门红肿，轻压腹部则肛门有黄色黏液流出。病鱼离群独游，活动迟缓，食欲减退	商品鱼肠炎病流行于 6～9 月，鳅种主要在 5～6 月发病	根据症状可作出初步的诊断
车轮虫、斜管虫病	车轮虫、小车轮虫和鲤斜管虫	初期摄食减少，严重时虫体密布，病鱼呆滞不动	流行于 5～8 月，主要为害鳅种	显微镜检查体表、鳃丝黏液，可见车轮虫、小车轮虫或鲤斜管虫
小瓜虫病	多子小瓜虫	病鱼胸、背、尾鳍和体表皮肤均有白点状分布，病情严重时体表似覆盖一层白色薄膜，鱼体游动迟钝，食欲不振，体质消瘦	多在初冬、春末和深秋季节发生	显微镜检查体表、鳃丝黏液，严重时肉眼可见白色小点

第五节　稻渔综合种养技术发展的限制及对策

一、水利条件

水源充足，进、排水方便的稻田是发展稻渔综合种养技术的首要条件。北方由于地理原因，一般水源比较短缺，土地较干旱，土壤渗漏现象比较普遍，保水性差，给北方发展稻田养鱼带来较大的困难；南方则由于多雨而易受洪涝灾害的袭击，给稻田养鱼带来意外的损失。

二、生产技术水平有待进一步提高

我国稻田养鱼虽然历史悠久，但技术基础薄弱，近几年在稻田养鱼方面创造了许多新经验，产生了种养加立体生态农业模式，稻田养鱼技术已成为一项多学科相互交错的综合技术学科。生产技术推广人员必须认真学习，提高业务水平。另外，稻田养鱼主要靠农民一家一户进行，培训他们让他们掌握先进生产技术是一项极为重要的任务。同时，由于目前承包田零星分布、规模小，也在客观上给农民采用先进科学技术进行稻田综合种养带来了困难。

三、旧观念的束缚

目前我国虽有二十多个省、区、市开展了稻田综合种养，但真正大面积发展形成一定产量的省、区并不多。一些水田大省稻田养鱼生产发展还很缓慢，从全国来看，稻田养鱼生产发展还不平衡。其主要原因就是一些地区对发展稻田养鱼的作用和意义认识不够，存在两种错误想法：一种认为稻田养鱼时开挖沟凼，要影响粮食生产，不宜大力提倡；另一种观点认为稻田养鱼是小打小闹，费力气又形不成产量，发展稻田养鱼意义不大。同时，稻田养鱼老区长期受传统养殖技术的束缚，接受和掌握新技术也需要一个过程。

四、管理问题

发展稻田养鱼需要有关部门密切配合和支持。农业、渔业、水利、财政、农技等部门能否密切协作，关系到稻田综合种养生产能否顺利地发展。另外，稻田养鱼水浅鱼多，有的地区偷鱼、毒鱼现象时有发生，渔政管理比较困难，给稻田养鱼农户心理上增加了无形的压力，挫伤了农民生产的积极性，也制约了稻田养鱼生产的发展。

五、缺乏健全的稻田养鱼服务体系

鱼苗鱼种是稻田养鱼首要的物质基础，饲料、肥料是养鱼产量的保证，做好鱼病防治工作可以减少生产损失，良好的活鱼调运销售体系，不仅可以提高鱼产品质量，而且可以提高产品价值。大力开展技术培训，普及先进稻田养鱼科学技术，扎实的技术培训体系等都是十分重要的。在农村，种苗的调剂，饲料、化肥、农药的购买以及资金贷款都异常困难。稻田养鱼服务体系的不健全从根本上制约了稻田养鱼生产的发展。

六、发展对策

稻田养鱼要得到前所未有的发展，必须把稻田养鱼与粮食生产放在同等重要的地位。把稻田养鱼作为发展粮食生产，增加农民收入，提高稻作区农民生活水平的战略措施来抓。

1. 充分认识到稻田养鱼的优势

充分认识和宣传稻田养鱼的重大意义，把发展稻田养鱼作为发展农村经济，增加农民收入，以渔促粮，以渔稳粮，调动农民种粮积极性的重大举措来抓。积极争取水利、财政、科技等部门的合作和支持，把发展稻田养鱼生产同农田水利基本建设结合起来，促进农村经济的发展。

实践证明，稻田综合种养可使稻渔双丰收，产值效益成倍增加，这一点，对我国这样一个地少人多的国家，坚持走以内涵为主的路子挖掘生产潜力，增加食物生产，富裕农民有着非常重要的意义。可以预见，巨大的社会需要与较高的综合效益构成了稻田养鱼迅速发展的强大动力，稻田养鱼生产必将会持续高速发展。因此，因势利导，研究制定有关扶持鼓励稻田养鱼的优惠政策，认真解决稻田养鱼过程中的技术难题和资金投入等方面的问题，已成为稻区农民办实事的一项“民心”工程。

2. 因地制宜

各地可以根据各自的资源、经济、技术条件，因地制宜地积极发展，鼓实劲，求实效，不要不讲条件一刀切，搞好分类指导。对于稻田养鱼基础好，农民积极性高的地区，应向纵深方向发展。在稳定和扩大面积的同时，以提高效益为前提，向名特水产品养殖方向发展，力争实现鱼稻双优双高产。

3. 健全生产服务体系，积极推广先进技术

做好技术培训和生产服务工作对稻田综合种养的发展至关重要。近几年农业农村部把推广稻田养鱼先进技术列入了国家“丰收计划”项目，获得了明显的经济效益和社会效益。各地也可有计划地把稻田养鱼列入地方“丰收计划”项目，加强技术及产销方面的服务质量。县、乡一级可按照稻田养鱼的规划，确定所需种苗的数量，建设种苗生产培育点，采用集中繁殖，分散培育的方式，形成种苗生产供应网络。同时，应加强病害防治的技术指导工作。在一些稻田养鱼面积集中的地区，应及时研究解决饲料生产供应和成鱼的销售问题，拓开购销渠道，以提高稻田养鱼的经济效益，保护农民稻田养鱼的积极性。

实践证明，发展稻田养鱼是一件一举多得，利国利民的好事。当前，我国农村经济的发展，开始进入以调整产业结构，提高经济效益为主要特征的新阶段，大力发展农村稻田养鱼，对提高稻田综合经济效益，挖掘土地资源潜力，调动农民生产积极性有着重要意义。

第三章　机插水稻高产栽培技术

第一节　机插水稻的生育特点及栽培特点

一、机插水稻的生育特点

(一)秧苗期的生育特点

1. 温湿条件好,出苗齐而早

机插秧全部采用塑盘育苗,播种后秧盘集中堆放,加上薄膜覆盖,保温保湿,提供了适宜、稳定的温湿条件,因此,机插盘育秧普遍具有出苗快而齐,出苗率高的特点,一般播种后第二天露尖、第三天齐苗,比常规育秧提早2～3 d。

2. 练苗初始期,首叶生长慢

由于播后集中堆放,待基本齐苗后(通常是播后48 h)即移入秧田炼苗。这个阶段正好是第一片真叶露尖,幼苗要有一个适应的过程,生长趋缓,直至第二片真叶出现才恢复正常生长。

3. 机播密度高,适龄最重要

随着秧龄的增加,秧苗叶片数增多,叶面积增大,苗体中下部受光状况日趋恶化,土壤中养分贮存量也日益减少,加上机播秧苗密度高,单株秧苗所占的营养面积相对减少,这种光照、养分供求上的矛盾,导致秧苗的生长受到抑制。秧龄越长,秧苗的素质越差。因此,机插带土的秧苗,适宜的秧龄为16～20 d。

(二)大田期的生育特点

1. 机械损伤重,缓苗期长

机插秧一般叶龄3.5叶左右,此时秧苗正处于离乳期,且塑盘内播种密度高,秧苗间根系盘结紧密,机插时根系拉伤较重,秧苗个体素质不及肥床旱育秧苗,因而与手插相比,机插秧活棵慢、返青期长。

2. 生育期缩短,生育进程后移

机插秧目前大多在粳稻栽培上应用,以晚熟中粳稻或中熟中粳稻为例,由于受秧龄和让茬的限制，与同品种的常规栽培水稻相比，播期一般推迟 15～20 d，致使水稻生育期缩短，全生育期比常规栽培水稻缩短 10～15 d。随着生育期的缩短，抽穗期和成熟期都相应延迟，因而小麦茬机插水稻不宜选用生育期长的品种。

3. 单株分蘖发生集中，群体高峰苗多，成穗率降低

机插水稻的育秧播种密度大，单苗营养面积和空间都很小，所以秧田期一般不发生分蘖，Ⅰ、Ⅱ位蘖为空位。大田期Ⅲ位蘖、Ⅳ位蘖的发生率较低，随着蘖位升高，分蘖发生率提高。Ⅴ位蘖至Ⅶ位蘖发生率大体在 60%～90%。这几个蘖位分蘖发生率高，成穗率也较高，是高产栽培利用的主要蘖位。从群体发展来看，机插水稻单位面积所插的数量一般比常规栽培水稻的多，但苗体瘦小、干重低，需通过 1.5～2 个叶龄期的秧苗增粗、增重过程才开始分蘖。分蘖发生后群体分蘖增加速度快，与常规栽培水稻相比，往往够苗期、高峰苗期均提前 1 个左右叶龄期，而且高峰苗数容易偏多，致使成穗率下降，穗型容易变小。机插秧的成穗率一般只能达到 65%～70%，难以达到手插秧的 80%左右的指标。

4. 单穗颖花分化少，结实率高

由于机插水稻高峰苗和成穗数相对较多，因此，植株所处的田间环境相对较差。同时，机插水稻播种期较手插秧推迟 15 d 左右，秧苗的茎蘖营养生长期要缩短 10 d 以上，个体发育相对较差，穗枝梗及颖花分化量有所减少，不过优势是颖花所占比重略有提高，因而结实率要高于手插稻，正常要高出 1～2 个百分点，但每穗实粒数仍然不及手插稻。

5. 根系较发达、分布浅，发根量大

由于机插入土较浅，前中期浅水灌溉，土表气、热状况良好，因此利于水稻发根，且随着生育进程的推移，横向生长的根增多，并向浅层发展。机插水稻分蘖期和穗分化期的 0～5 cm 土层根系比手插稻分别多 12.4%和 21.7%。在根系分布上，机插水稻 0～20 cm 土层内的根量占 90%以上，比手插稻的 84.5%高 5.5%以上；20 cm 以下土层根量，手插稻所占比例明显比机插水稻多。机插水稻的根系较发达，且分布广而深，增强了稻株水分、养分的吸收运转机能，从而促进水稻的茎秆坚实、叶片增厚、根叶寿命延长，利于增产。

二、机插水稻的栽培特点

1. 秧田期短，大田期长

机插水稻所用的毯状苗，一般秧龄为 15～18 d。秧苗叶龄一般比常规湿润秧小 3～4 个，因而机插水稻的大田有效分蘖位延长 3～4 个。应利用有效分蘖期较长的特点，尽量争取早分蘖，提高分蘖成穗率。

2. 秧苗细小，抗逆性差

在密插条件下，单苗的占地面积一般仅为 0.6 cm^2 左右，秧苗密集，苗体细小，对暴晒、大水、干旱等不良条件的抗御能力差，因此强调培育标准秧苗，增强抗逆能力。

3. 行距较大，有一定漏穴率

机插水稻一般采用“宽行窄株”的栽培模式，如东洋系列插秧机的行距固定为 30 cm，这样的行距对于部分多穗型粳稻品种来说偏大，应控制株距，保证适宜密度。机插水稻难免有一定的漏插，如漏穴率过高，可造成缺棵多，进而影响产量。应通过有效措施，把漏穴率控制在允许范围之内。

4. 播种晚,生育期偏迟

机插水稻播期推迟,苗龄小,生育进程滞后于常规栽培水稻,在肥料运筹上不能等同于常规栽培水稻。病虫防治的具体日期、水浆管理(包括搁田、断水的时间)等,均相应迟于常规栽培水稻。

第二节　机插水稻育秧技术

一、毯状苗育秧技术

目前,江苏地区机插水稻大量使用毯状苗育秧技术。毯状苗育秧技术基本采用软盘育秧,是从工厂化育秧的实践中总结出来的低成本、简易化育秧方式。该育秧方式简便易行,成本较低,质量好,成功率高。

(一)作业流程

毯状苗育秧技术作业流程如图 3-1 所示。

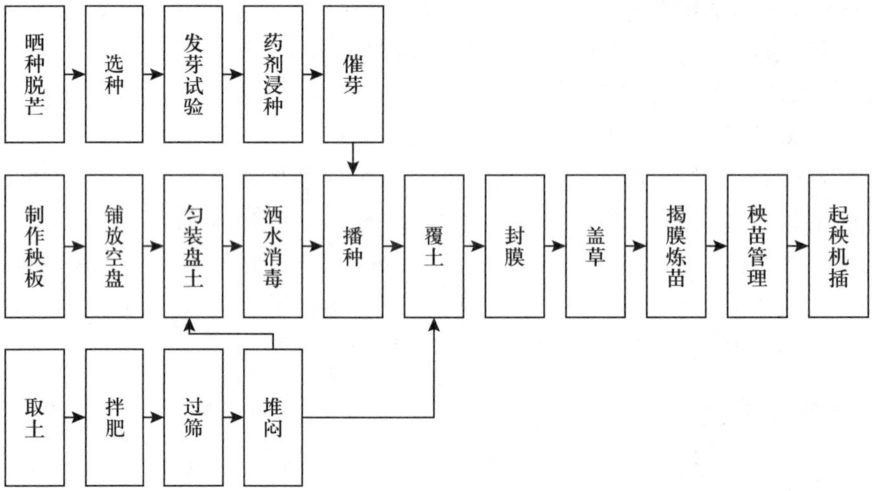

图 3-1　毯状苗育秧技术作业流程

(二)床土准备

1. 床土选择

选用土壤肥沃,无残茬、砾石、杂草,无污染的壤土。适宜做床土的,一是菜园土;二是耕作熟化的旱田土,不宜在荒草地及当季喷施过除草剂的麦田取土;三是秋耕、冬翻、春秒的稻田土。目前,许多地方采用基质育秧。利用育秧基质代替营养土(底土),方便、简单,育秧保湿能力强,盘根好,秧块轻,好卷、好运输。

2. 床土用量

每亩大田一般需备营养细土 100 kg 做床土,另备未培肥过筛细土 25 kg 做盖籽土。

3. 床土培肥

肥沃、疏松的菜园土壤，过筛后可直接用作床土。其他适宜土壤提倡在冬季完成取土，取土前一般要对取土地块进行施肥，每亩匀施腐熟人畜粪 2 000 kg(禁用草木灰)，以及 25%氮磷钾复合肥 60～70 kg，或硫酸铵 30 kg、过磷酸钙 40 kg、氯化钾 5 kg 等无机肥。提倡使用适合当地土壤性状的壮秧剂代替无机肥，在床土加工过筛时，每 100 kg 细土匀拌 0.5～0.8 kg 旱秧壮秧剂。取土地块 pH 偏高的可酌情增施过磷酸钙，以降低 pH(适宜 pH 为 5.5～7.0)。施后连续旋耕 2～3 遍，取表土堆制并覆农膜至床土熟化。

4. 床土加工

在晴好天气及土堆水分适宜时(含水率 10%～15%，细土手捏成团、落地即散)进行过筛，要求细土粒径不得大于 5 mm，其中，2～4 mm 粒径的土粒占 60%以上。过筛结束后继续堆制并用农膜覆盖，集中堆闷，促使肥土充分熟化。此外，也可用粉碎机进行碎土作业。

在早稻育秧及"倒春寒"多发地区，为防止发生立枯病等苗期病害，每立方米床土施用 65%敌克松 50～60 g 兑水 1 000～1 500 倍进行消毒。

5. 两"提倡"、两"注意"、两"禁止"

(1)两"提倡"

提倡冬前培肥，对碱性土壤要进行床土调酸消毒；提倡使用壮秧剂，可调酸、消毒、化控、培肥，每 100 kg 细土加壮秧剂 0.5～1.0 kg，并充分拌匀。

(2)两"注意"

注意防治立枯病等苗期病害，施用敌克松进行床土消毒，特别是在春季低温以及"倒春寒"多发地区，尤显必要。注意冬前未培肥的，可不培肥，断奶期追肥同样能培育壮秧；确需培肥，至少于播种前 30 d 进行。拌肥过筛后一定要盖膜堆闷促进腐熟。

(3)两"禁止"

禁止使用未腐熟的厩肥以及淤泥、尿素、碳铵等直接拌肥，以防肥害烧苗；禁止用培肥营养土做盖籽土。

(三)种子准备

1. 品种选择

根据不同茬口、品种特性及安全齐穗期，选择适合当地种植的优质、高产、稳产、分蘖中等、抗性好的穗粒并重型优良品种，同等条件下以生育期相对短的为宜。

2. 大田用种量与播种密度

杂交稻每亩大田用种量一般为 1～1.5 kg，常规粳稻每亩大田用种量一般为 3～3.5 kg。

机插育秧的播种量相对较高，一般杂交稻每盘芽谷的播量为 80～100 g，常规粳稻每盘芽谷的播量为 120～150 g。播量过大或过小均对培育合格的机插秧苗不利。确定适宜落谷密度最基本的原则是均匀、盘根，即参照大田栽插的每穴苗数，在确保播种均匀与秧苗根系能够盘结的前提下，根据品种、气候等因素可适当降低播量，以提高秧苗素质，增加秧龄弹性。适宜播量的计算公式为：

$$\text{播种量(干种)(g)} = \text{千粒重} \times \frac{\text{实际成苗数}}{\text{发芽率} \times \text{成苗率}} \times \frac{1}{1\,000}$$

以发芽率为 97%、千粒重为 26 g 的杂交稻为例，高密度育秧条件下的成苗率约为 85%。

一般要求杂交稻每平方厘米最终成苗 1～1.5 株，若按 1.5 株计，则每盘 1 624 cm^2 成苗 2 436 株，折算芽谷播量约 100 g。一般情况下，早稻育秧的播量可以在 80～100 g 的范围内适当增加，而中、晚稻的播量则可适当降低。

根据江苏近年的试验和大面积生产的经验总结，一年两熟制稻田机插中、晚粳品种塑盘育秧适宜的落谷密度为芽谷 230～250 粒/dm^2，如种谷的千粒重为 27 g、发芽率 95%，约合每平方米播芽谷 920 g，每盘播 150 g。如此落谷量的秧苗适期在叶龄 3.1～3.9，有一定的秧龄弹性，可减小超秧龄严重影响大田生产的风险。

3. 种子处理

根据播期、机插面积提前推算好种子用量及浸种、催芽时间。

(1)确定播期

机插育秧与常规育秧有明显的区别：一是播种密度高，二是秧苗根系集中在厚度仅为 2～2.5 cm 的薄土层中交织生长，因而秧龄弹性小，必须根据茬口安排，按照 20 d 左右的秧龄推算播期，“宁可田等秧，不可秧等田”。机插面积大的，要根据插秧机工作效率和机手技术熟练程度，安排好插秧进度，合理分批浸种，顺次播种，确保秧苗适龄移栽。江苏目前以稻/(大、小)麦、稻/油茬口为主，不同的茬口条件下，适宜播期见表 3-1。

表 3-1　江苏不同茬口机插水稻适宜播期

地区	茬口	移栽期(抢早栽)(月/日)	3 叶期移栽(月/日)	4 叶期移栽(月/日)
苏南	油菜(大麦)	5/25—30	5/10—15	5/5—10
	小麦	6/5—10	5/20—25	5/15—20
苏中	油菜(大麦)	5/25—30	5/10—15	5/5—10
	小麦	6/10—15	5/25—30	5/20—25
苏北	油菜(大麦)	6/1—5	5/15—20	5/10—15
	小麦	6/15—20	5/30—6/5	5/25—30

(2)精选种子

尽可能选用标准的商品种子，普通种子在浸种前要做好晒种、脱芒、选种、发芽试验等工作。种子的发芽率要求在 90%以上，发芽势达 85%以上。采用传统盐水法选种时，水液比重为 1.06～1.10，即用新鲜鸡蛋放入盐水中，浮出水面面积为 1 元硬币大小。盐水选种后，要用清水淘洗种子，清除谷壳外盐分，以防影响发芽，洗后晒干备用或直接浸种。对于杂交稻种子，一般采用风选法选种。选种前可先将种子日晒 1～2 d，再用低风量扬去空瘪粒，确保种子均匀饱满，发芽势强。

(3)药剂浸种

水稻以种子带菌为主的病害有恶苗病、稻瘟病、稻曲病、白叶枯病，此外还有苗期灰飞虱传播的条纹叶枯病等，这些均可用药剂浸种的方法来防治。浸种时选用使百克或施保克 1 支(2 mL)加吡虫啉 10 g 兑水 6～7 kg 浸 5 kg 种子。浸种时间长短应随气温而定，一般粳稻需浸足 3 d 左右，籼稻 2 d 左右。种子吸足水分的标准是谷壳透明，米粒腹白可见，米粒容易折断而无响声。

(4)催芽

催芽的主要技术要求是“快、齐、匀、壮”。“快”是指 2 d 内催好芽；“齐”是指发芽整齐，发芽势达85%以上;"匀"是指芽长均匀一致;"壮"是指幼芽粗壮,根、芽长比例适当,颜色鲜白,气味清香,无酒味。根据种子生长萌发的主要过程和特点,催芽可以分为高温破胸、适温催芽和摊晾炼芽三个阶段。

(5)高温破胸

自稻谷上堆至种胚突破谷壳露出时,称为破胸阶段。种子吸足水分后,适宜的温度是破胸快而整齐的主要条件,在38 ℃的温度上限内,温度越高,种子的生理活动越旺盛,破胸也越迅速而整齐;反之,则破胸越慢,且不整齐。一般来说,在上堆后的稻谷温度上升后,要掌握谷堆上下、内外温度一致,必要时进行翻拌,使种子间受热均匀,促进破胸迅速整齐。

(6)适温催芽

自种子破胸至幼芽伸长达到播种的要求时,称为催芽阶段。双膜手播育秧催芽标准为,根长达稻谷1/3,芽长为1/5～1/4;若采用机播,90%的种子"破胸露白"即可。"湿长芽,干长根",根、芽长度主要是通过调节稻谷水分来控制的,同时要及时调节谷堆温度,使催芽阶段的温度保持在25～30 ℃,以保证根、芽协调生长,根、芽粗壮。

(7)摊晾炼芽

为了增强芽谷播种后对外界环境的适应能力,提高播种均匀度,催芽后还应摊晾炼芽。一般在芽谷催好后,置室内摊晾4～6 h,且种子水分适宜不粘手即可播种。

(四)秧盘的型号与规格

进行软盘育秧时,每亩大田一般要准备25张左右软盘,采用机械播种、流水线播种的,每条流水线需备足硬盘用于脱盘周转。软盘表面平整,无色差;边角垂直;光滑,无皱褶、扭曲、残缺、裂痕;边缘无毛刺。

(五)苗床处理

根据育秧规模,选择地势平坦,进、排分开,背风向阳,水源清洁,邻近大田的熟地作为秧田,也可选择宅前、屋旁的肥沃菜地。避免用荒草地、药害田、水土污染田作为秧田。秧田、大田比例宜为1∶(80～100),一般每亩大田需秧田7～10 m^2。

如图3-2所示,播前10 d精做秧板,苗床宽1.4～1.5 m,长度视需要和地块大小确定,秧

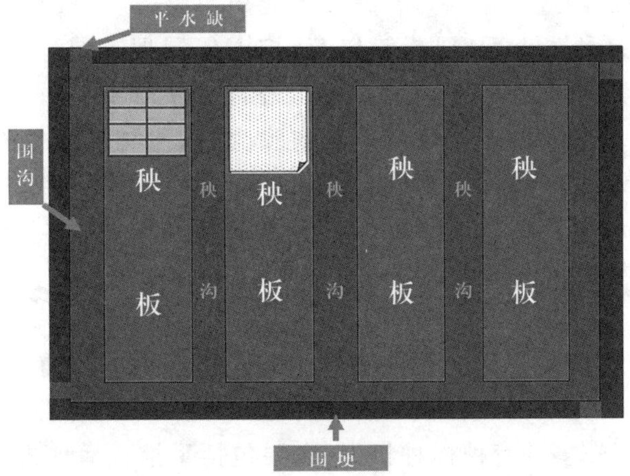

图3-2　苗床处理

板之间留宽20～30 cm、深20 cm的秧沟兼管理通道。围沟深50 cm,围埂平实,埂面一般高出秧床15～20 cm,开好平水缺。为使秧板面平整,可先上水进行平整,秧板做好后排水晾板,使板面沉实。播种前两天铲高补低、填平裂缝、充分拍实,使板面达到"实、平、光、直","实",秧板沉实不陷脚;"平",板面平整无高低;"光",板面无残茬、杂物;"直",秧板整齐与沟边垂直。

(六)精量播种

1. 人工播种

在软盘育秧过程中,各操作环节的标准化是确保育秧质量的基本要求。其中,播种质量直接关系到秧苗素质和机插质量,为此,在实际操作中,要根据具体的品种准确计算播量,力争播种均匀。

(1)顺次铺盘

秧板上平铺软盘,为充分利用秧板和便于起秧,每块秧板横排两行,依次平铺,紧密整齐,盘与盘的飞边要重叠排放,盘底与床面紧密贴合。

(2)匀铺床土

铺撒准备好的床土,土层厚度为2～2.5 cm,厚薄均匀,土面平整。

(3)补水保墒

播种前一天,灌平沟水,待床土充分吸湿后迅速排水,亦可在播种前直接用喷壶洒水,要求播种时土壤饱和含水率达85%～90%。可在播种前浇底水,用65%敌克松与水配制成1:(1 000～1 500)的药液,对床土进行喷浇消毒。

(4)播种

播种时按盘称种。一般常规粳稻每盘均匀播破胸露白芽谷120～150 g,杂交稻播80～100 g。为确保播种均匀,可以4～6盘为一组进行播种,播种时要做到分次细播,力求均匀。

(5)匀撒覆土

播种后均匀撒盖籽土,覆土厚度为0.3～0.5 cm,以盖没芽谷为宜,不能过厚。注意使用未经培肥的过筛细土,不能用拌有壮秧剂的营养土。盖籽土撒好后不可再洒水,以防表土板结影响出苗。

(6)封膜保墒

覆土后,在灌平沟水湿润秧板后迅速排水,弥补秧板水分不足,并沿秧板四周整好盘边,保证秧块尺寸。芽谷播后需经过一定的高温高湿才能出苗整齐,一般要求温度在28～35 ℃,湿度在90%以上。为此,播种覆土后,要封膜盖草,控温保湿促齐苗。封膜前在板面每隔50～60 cm放一根细芦苇或铺一薄层麦秸草,以防农膜粘贴床土导致闷种。盖好农膜后,须将四周封严封实,农膜上铺盖一层稻草,厚度以看不见农膜为宜,预防晴天中午高温灼伤幼芽。对气温较低的早春育秧或"倒春寒"多发的地区,要在封膜的基础上搭建拱棚,增温育秧。拱棚高约0.45 m,拱架间距0.5 m,覆膜后四周要封压严实。在鼠害发生地区,要在棚膜外四周撒上鼠药,禁止将鼠药撒入膜内。

2. 机械播种

盘式育秧也可采用机械播种。水稻育秧播种机可以分别进行铺土、播种、覆土等作业,而播种流水线则可以一次性完成铺土、洒水、播种、覆土四道工序的作业。机械播种的效率高,质量好。目前,生产中使用较多的育秧播种机械,主要包括手推式播种机、手摇式播种机、水稻育秧播种流水线等。它们的基本原理相同,在排种方式上,主要分为带状排种和窝眼式排种两种。采用带状排种机构的播种机，作业效率高，但在低播量的情况下，播种的均匀度不理想。而窝眼式排种基本解决了低播量条件下的均匀性问题，但作业效率相对较低。

采用机械播种时，要准备适宜数量的硬盘作为托盘周转。播前要调试好播种机，使盘内底土厚度稳定在 2～2.5 cm；精确地调整好播种量，使每盘播的芽谷稳定在预先确定的适宜范围内；覆土厚度稳定在 0.3～0.5 cm，以看不见芽谷为宜；洒水量稳定在底土水分达饱和状态，覆土后 10 min 内，盘面干土应自然吸湿无白面。

播种结束后，可在田间脱去硬盘，置软盘于秧板上；也可在室内叠盘增温出芽后，移至秧田进行脱盘。此时，软盘仍需在秧板上横排两行、依次平铺，做到紧密、整齐，盘底与床面密合。播完种后，立即盖无纺布。秧苗期要保持无纺布湿润，使无纺布随着秧苗生长自由放松。然后，根据秧苗生长情况及时揭去无纺布。

（七）苗期管理

培育适合机插的健壮秧苗，是推广水稻机械化插秧成败的关键。“秧好半熟稻，苗好产量高”，秧苗素质的好坏，直接影响水稻生育后期的穗数、粒数和粒重。机械化插秧对秧苗的基本要求是总体均衡、个体健壮，要求“一板秧苗无高低，一把秧苗无粗细”。因此，苗期管理的技术性和规范性较强。

1. 高温高湿促齐苗

经催芽的稻种，播后需经一段高温高湿立苗期，才能保证出苗整齐，因此应根据育秧方式和茬口的不同，采取相应的增温保湿措施，确保安全齐苗。同时，秧田要开好平水缺，避免降雨淹没秧床，造成闷种烂芽。

（1）封膜盖草立苗

封膜盖草立苗适于气温较高时的麦茬稻育秧，包括双膜育秧、软盘手播及机播直接脱盘三种类型。立苗期要注意两点：一是把握盖草厚度，薄厚均匀，避免晴天中午高温烧苗；二是雨后及时清除盖膜上的积水，以免造成膜面积水，加上覆盖的稻草被淋湿加重，导致局部受压，造成闷种烂芽，影响全苗。

（2）拱棚立苗

拱棚立苗适于气温较低时的早春茬育秧和“倒春寒”多发地区。采用此法立苗，要注意在幼芽顶出土面后，晴天中午棚内地表温度要控制在 35 ℃以下，以防高温灼伤幼苗。

播种到出苗期一般为棚膜密封阶段，以保温保湿为主，只有当膜内温度超过 35 ℃时才可于中午揭开苗床两头通风降温，随后及时封盖。在此期间，若床土发白、秧苗卷叶，应灌“跑马水”保湿。

2. 及时炼苗

（1）揭膜炼苗

盖膜时间不宜过长，揭膜时间视当时气温而定，一般在秧苗出土 2 cm 左右、不完全叶至第 1 叶抽出时（播后 3～5 d）揭膜炼苗。若覆盖时间过长，遇烈日高温容易灼伤幼苗。揭膜原则：晴天傍晚揭，阴天上午揭，小雨雨前揭，大雨雨后揭。若遇寒流低温，宜推迟揭膜，并做到日揭夜盖。

（2）拱棚秧的炼苗

秧苗现青后，视气温情况确定拆棚时间。当最低气温稳定在 15 ℃以上时方可拆棚，否则可采用日揭夜盖法进行管理，并保持盘土或床土湿润。

3. **科学管水**

(1)湿润管理

湿润管理,即采取间歇灌溉的方式,做到以湿为主,达到以水调气、以水调肥、以水调温、以水护苗的目的。操作要点:揭膜时灌平沟水,自然落干后再上水,如此反复。晴天,中午若秧苗出现卷叶,要灌薄水护苗;雨天,要放干秧沟水;早春,茬秧若遇较强冷空气侵袭,要灌拦腰水护苗;早春回暖后,待气温稳定再换水保苗,防止低温伤根和温差变化过大而造成烂秧和死苗;气温正常后,要及时排水透气,以提高秧苗根系活力。移栽前3~5 d控水炼苗。

(2)控水管理

与常规肥床旱育秧管水技术基本相似,即揭膜时灌一次足水(平沟水),洇透床土后排水(也可采用喷洒补水)。同时清理秧沟,保持水系畅通,确保雨天秧田无积水,防止旱秧淹水,失去旱育优势。此后,若秧苗在中午出现卷叶,可在傍晚或次日清晨人工喷洒水一次,使土壤湿润即可。注意,不卷叶不补水,补水的水质要清洁,否则易造成死苗。

4. **用好"断奶肥"**

"断奶肥"的施用要根据床土肥力、秧龄和气温等具体情况因地制宜地进行,一般在一叶一心期(播后7~8 d)施用。每亩秧田用腐熟的粪清500 kg兑水1 000 kg或用尿素5 kg(约合每盘用尿素2 g)兑水500 kg,于傍晚秧苗叶片吐水时浇施,床土肥沃的也可不施。麦茬田,为防止秧苗过高,施肥量可适当减少。

5. **防病治虫**

秧田期病虫害主要有稻蓟马、灰飞虱、立枯病、螟虫等。秧田期应密切注意病虫害发生情况,及时对症用药防治。近年来,水稻条纹叶枯病发生逐年加重,务必做好灰飞虱的防治工作,可于一叶一心期用吡虫啉2 g(有效成分)加80 kg水喷施。另外,早春茬育秧期间气温低、温差大,易遭受立枯病的侵袭,揭膜后结合秧床补水,每亩秧田用敌克松1 000~1 500倍液600~750 kg洒施预防。

6. **辅助措施**

在提高播种质量、抓好秧田前中期肥水管理的同时,在二叶期可根据天气和秧苗长势配合施用助壮剂。若气温较高,雨水偏多,苗量生长较快,特别是不能适期移栽的秧苗,每亩秧田用15%多效唑可湿性粉剂50 g,2 000倍液兑水喷雾(切忌用量过大、喷雾不匀,如果在床土培肥时已使用过"旱秧壮秧剂"的不必使用),以延缓植株生长速度,同时促进横向生长,增加秧苗的干物质含量。

(八)栽前准备

搞好机插育秧栽前准备工作,是确保苗体素质,增强栽后抗逆性,促进秧苗早生、快发的一个重要措施,具体应抓好以下几个环节。

1. **看苗施好"送嫁肥"**

秧苗体内氮素水平高、碳素水平高、发根能力强、抗植伤能力强。要使移栽时秧苗具有较强的发根能力,又具有较强的抗植伤能力,栽前务必要看苗施好"送嫁肥",促使苗色青绿,叶片挺健。具体施肥时间应根据机插进度分批使用,一般在移栽前3~4 d进行。用肥量及施用方法应视苗色而定:叶色褪淡的脱力苗,每亩用尿素4~4.5 kg兑水500 kg于傍晚均匀喷洒或泼浇,施后洒一次清水以防肥害烧苗;叶色正常、叶挺拔而不下披苗,每亩用尿素1~1.5 kg兑水

100～150 kg 进行根外喷施；叶色浓绿且叶片下披苗，切勿施肥，应采取控水措施来提高苗质。

2. 适时控水炼苗

栽前控水炼苗，可以减少秧苗体内自由水含量、提高碳素水平、增强秧苗抗逆能力，是培育壮秧健苗的一个重要手段。控水时间应根据移栽前的天气情况而定。春茬秧由于早播早插，栽前气温、光照强度、秧苗蒸腾量与麦茬秧比均相对较低，因此一般在移栽前 5 d 控水炼苗。麦茬秧栽前气温较高、蒸腾量较大，控水时间宜在栽前 3 d 进行。控水方法：晴天保持半沟水，若中午秧苗卷叶可采取洒水补湿；阴雨天应排干秧沟积水，特别是在起秧栽插前，雨前要盖膜遮雨，防止床土含水率过高而影响起秧和栽插。

3. 坚持带药移栽

机插秧苗由于苗小，个体较嫩，易遭受螟虫、稻蓟马及栽后稻蟓甲的为害，栽前要进行一次药剂防治工作。在栽前 1～2 d，每亩用 2.5%快杀灵乳油 30～35 mL 兑水 40～60 kg 进行喷雾。在稻条纹叶枯病发生区，防治时应每亩加 10%吡虫啉乳油 15 mL，控制灰飞虱的带毒传播为害，做到带药移栽，一药兼治。

二、钵苗育秧技术

钵苗育秧技术是稻作生产方式上的重大技术革新，是集水稻抛秧和机插优势于一体的新技术，一般较塑盘毯状小苗机插水稻增产 10%左右。钵盘可育出根部带有完整钵状营养土块的水稻秧苗，具有稀播长秧龄、秧体干质量大、充实度高等特点。钵苗移栽时带钵土，不伤根、无植伤，因此，栽后基本无缓苗现象，分蘖发生早，前期生长旺盛，植株粗壮，出穗早，穗大粒多，产量高。钵苗育秧技术有利于水稻适当提早成熟，对多熟制地区确保下茬小麦及时播种具有一定意义。目前，钵苗育秧技术被一些大的农场所采用，它也是国家积极推广的一项技术。

(一)作业流程

育秧准备(品种选择与准备、床土培肥与加工、秧田制作、材料准备)→精量播种→暗化出苗→摆盘→秧田管理→大田机插→大田管理。

(二)床土准备

1. 床土选择

方法同毯状苗育秧技术。

2. 床土用量

常规稻按 70 kg/亩备足营养土，杂交稻按 60 kg/亩备足营养土，每盘用土量约 1.5 kg。

3. 床土加工

与毯状苗育秧技术相比，钵苗育秧技术机械化播种要经过两次营养土被压实的过程，导致土壤过于紧实、透水通气性差，使水稻在发芽的过程中容易缺氧、烂种烂芽，严重影响出苗。因此，解决钵苗育秧技术土壤成球和土壤通气的矛盾是提高钵苗育秧技术成苗率的关键。在培制营养土过程中添加壮秧剂、河沙和土壤黏合剂 3 种物质，能有效调节土壤的孔隙度，使钵内土壤含水量适宜、不板结、通气良好，为水稻发芽、出苗创造有利条件。壮秧剂起到供肥、调酸、控高、防病等作用，每 100 kg 细土加壮秧剂 0.5 kg 进行配比，严格控制用量，并与营养土充分拌匀，以防壮秧剂使用不匀而伤芽伤苗；河沙具有明显改善土壤通透性和提高钵球抗压强度的作用，用量以营养土总重量的30%以上为宜；土壤黏合剂具有促进根系生长、提高秧苗盘根、提高土壤团聚力、增加土壤团粒多孔性、提高水分渗透力的作用，按每亩大田 50 g 使用。以上 3 种育苗材料应在播种前 3 d 与过筛细土进行均匀混拌，然后继续堆焖待用。

（三）种子准备

1. 品种选择

根据不同茬口、品种特性及安全齐穗期，选择适合当地种植的优质、高产、稳产、分蘖中等、抗性好的穗粒并重型优良品种，同等条件下以生育期相对短的为宜。

2. 大田用种量与播种密度

钵苗育种技术播种量小、栽插行距大、基本苗数少，一般杂交稻基本苗数为 2.5 万～3.0 万/亩，常规稻基本苗数为 6.0 万～7.0 万/亩，与毯状苗育秧技术相比，分别减少 1.5 万～2.0 万/亩和 3.0 万～4.0 万/亩。钵苗育秧技术的增产途径是在适宜穗数的基础上依靠壮秆大穗来实现的。一般大田用种量常规粳稻为 3.0 kg/亩左右，杂交粳稻为 2.0 kg/亩左右，杂交籼稻为 1.5 kg/亩左右。播前种子必须机械去芒，种子质量符合粮食作物种子禾谷类标准。单穴苗数对分蘖成穗及产量的影响非常大。

常规粳稻平均每孔适宜 4 苗左右，每孔播种 6～7 粒，每盘播干种量 80 g 左右；杂交粳稻每孔适宜 3 苗左右，每孔播种 4～5 粒，每盘适宜播量 50 g 左右；杂交籼稻每孔适宜 2.5 苗左右，每孔播种 3～4 粒，每盘适宜播量 40 g 左右。

3. 种子处理

根据播期、机插面积提前推算好种子用量及浸种、催芽时间。

播期，首先根据水稻品种特性、安全齐穗期及茬口确定移栽期，然后根据适宜移栽期，按照秧龄 20～25 d 倒推播期。做好分期播种，防止超龄移栽。

精选种子、药剂浸种、催芽，方法同毯状苗育秧技术。

（四）秧盘的型号与规格

钵苗育秧盘是水稻机械成套设备的核心载体，采用特殊树脂注塑成型。秧盘底部均匀分布可自由开关的“Y”字形花瓣孔钵体，排水和苗床吸收养分功能兼备，具有弹性强、平整度高、抗老化、使用寿命长（使用寿命达 8 年以上）、绿色环保等特点。秧盘可育出根部带有完整钵状营养土块的秧苗，秧苗具有独立钵球、根系发达、秧体干重大、充实度高等特点。秧苗移栽时带钵土，不伤根，无植伤，栽后无缓苗现象，生长旺盛，利于培育植株粗壮、优质环保的高产群体。

硬盘数量按照常规稻用秧盘 40 张/亩、杂交粳稻用秧盘 35 张/亩、杂交籼稻用秧盘 30 张/亩准备。钵苗育秧盘主要技术参数见表 3-2。

表 3-2 钵苗育秧盘主要技术参数

名称	钵苗育秧盘	
型号	D448P	
外形尺寸/mm	长	618
	宽	315
	高	25

续表3-2

名称	钵苗育秧盘	
质量(g)	420	
钵体形式	上部(mm)	$\phi16$
	下部(mm)	$\phi10$
	花瓣形状	“Y”字形
	钵体数(个)	448

(五)苗床处理

选择地块平整、土质肥沃、运秧方便、灌排水条件好的旱地。按照秧田与大田比留足秧田，常规稻秧田与大田比为 1∶50，杂交稻为 1∶60。秧田必须适当提前耕翻、晒垡、碎土。实践证明，钵苗育秧技术秧田整地与秧板制作不宜采用水整的方法，而适宜采用旱整方式。主要原因是水整的秧田在脱水落干后，表层土壤易龟裂翘起，导致秧板表面不平，秧盘不能与秧板做到紧贴，易悬空，秧苗根系不能下扎，严重影响正常生长。而采用旱整技术，可克服上述问题，秧盘与苗床相互紧贴，秧苗根系吸收水分和养分速度快、下扎深，秧苗生长一致、盘根好。采用旱整通气育秧方式进行秧板制作的基本流程为：在耕翻冻融和旋耕的基础上，用激光平土仪进行平整，再用机械开沟作畦；晒垡 2～3 d 后，上水人工验平 1～2 次，排水晾板，使板面沉实；播前 2～3 d 再次铲高补低，填平裂缝，并充分拍实，使板面达到“实、平、光、直”的要求。秧板规格：畦宽 1.50 m，畦沟宽 0.25 m、沟深 0.20 m，做到灌、排分开，内、外沟配套，能灌能排能降。

钵苗育秧技术与毯状苗育秧技术明显不同的是，必须提高土壤养分浓度，强化秧田培肥，主要原因有两点：一是钵苗育秧技术秧苗，秧龄长，秧苗根系深扎到苗床土中，所需的养分主要通过苗床土吸收，所以必须提高苗床土壤养分浓度；二是钵苗育秧技术秧田水层管理，不宜长时间建立水层，以旱育为主，否则秧苗根系容易上冒，发生串根现象，严重影响栽插，在旱育条件下，控水必然控肥，故必须增加供肥强度，才能满足秧苗生长发育所需的养分供应，这就要求对秧田必须进行强化培肥，而不能仅仅依靠追肥(追肥只是“一轰头”，追肥必须建立水层，否则容易烧苗，而建立水层又会影响旱育效果)。因此，钵苗机插水稻秧田培肥是培育壮秧的基础，秧池(田)不壮就不可能育出壮秧来。

钵苗培肥一般在育秧前 30 d，筛过细土以后，结合整地进行，一般用无机肥培肥，参考用量为：每亩秧田施用高浓度氮磷钾复合肥(氮、磷、钾有效养分含量分别为 15%、15%、15%) 60 kg、尿素 30 kg。撒肥后再及时进行旋耕埋肥，开沟做畦，整平板面。

(六)精量播种

钵苗育秧技术机械播种流程和方式与毯状苗育秧技术明显不同，基本流程为：将硬盘放入播种流水线进口→播底土→用铁球进行第一次压实→播种→用铁球进行第二次压实→覆土→洒水→集中暗化出苗→摆盘放入秧田→秧田管理。

1. 播种

播种量：每盘均匀播潮谷杂交稻 50 g，粳稻 70～75 g；常规粳稻每孔播种 6～7 粒，杂交粳稻每孔播种 4～5 粒，杂交籼稻每孔播种 3～4 粒。

采用机械播种流水线定量播种，播前要严格调试播种机，使其在最佳状态。注意以下几点：

①要调整播种机在水平状态，否则会造成播种不匀和覆土不均。

②要调整好播种量，按不同类型水稻品种（长粒或圆粒）选择好不同型号的播种槽轮，播种量（平均每孔实际播种粒数）要在正式播种之前先调整到位。调整播种量时要注意每孔播种量，秧盘左右两侧的播种量要保持一致。

③要调整好洒水量，基本浸透土壤即可，洒水量不要过大，以免钵内水分过多，造成缺氧烂种，或把种子和泥土冲到盘面上。湿度掌握不确定，易造成出苗率低、移栽时钵体顶出率低等问题。

④要调整好用土量，将钵内营养底土厚度控制在 2/3 孔深，将覆土控制在 0.5 cm 高左右，盖表土厚度不超过盘面，以不见芽谷为宜。

2. 暗化出苗

实践证明，通过硬盘叠加暗化出苗，可使每张盘的温度、湿度适宜、一致，出苗整齐，空穴率低，不但解决了生产上出苗难的问题，同时也减少了废盘率，节省了大量的秧盘。而且，通过暗化技术可以降低对苗床质量的要求，省工省力、节本增效。钵苗育秧技术暗化出苗是将播种好的秧盘及时叠加在一起进行出苗，地点要选择在室外阳光直射的地方，注意叠放时做到上下两层秧盘要垂直交叉排列，保证上面秧盘的孔放置在下面秧盘的槽上。每摞叠放的秧盘高度以 20 盘为宜，每摞秧盘间留有一定空隙，空隙为 30 cm 左右。为使每张秧盘暗化温度、湿度尽量一致，每摞最底层盘的下面要垫上保温材料或空秧盘进行支撑；每摞最上面放置一层没有播种，但带土洒水的秧盘；秧盘叠放结束，及时盖上黑色塑料布，并用细土压实，以后每天定时掀起塑料布，对堆叠的秧盘四周进行观察，发现秧盘四周盘孔缺水，要用喷壶及时洒水。暗化 3～4 d 后，待水稻秧苗不完全叶长出时，即可揭去塑料布，并进行摆盘。

3. 顺次铺盘

摆盘前畦面要铺切根网，切根网就是细孔尼龙纱布（网孔面积＜0.5 cm×0.5 cm）。摆盘前畦面铺细孔尼龙纱布，以防止秧盘在起秧时底部粘上土壤，不利于起秧。摆盘是直接将暗化处理过的秧盘沿秧盘长度方向并排对放于畦上，盘间紧密铺放，秧盘与畦面紧贴不能吊空。秧板上摆盘要平、齐。在摆盘后，应立即灌 1 次出苗水，做到速灌速排。在摆盘时，每块秧板横排两行，依次平铺，紧密、整齐，盘与盘的飞边要重叠排放，盘底与床面紧密贴合。

4. 封膜盖草

在钵土湿度达到饱和含水量 75%～85% 时平盖农膜，膜面上均匀加盖稻草。盖草厚度：每 1 m^2 秧田盖干稻草 0.6 kg，晴好天气适量增加，反之减少，以基本看不见薄膜为宜。秧田四周开好放水缺口，避免出苗期降雨，秧田积水造成烂芽。

（七）苗期管理

1. 防覆盖物被大风、动物破坏

播种后必须经常观察盖草是否被动物和风等破坏，一经破坏，必须及时修补。

2. 及时炼苗

齐苗后，在第 2 张完全叶抽出 1.0～3.0 cm 时揭膜炼苗。揭膜要求：晴天傍晚揭，阴天上午揭，小雨雨前揭，大雨雨后揭。

3. 科学管水

揭膜当天补足 1 次水，随揭膜随补水，而后观其秧苗卷叶情况，不卷叶不补水，卷叶到什么地方，补水到什么地方。

4. 防病治虫

方法同毯状苗育秧技术。

(八)栽前准备

1. 秧苗追肥

在强化秧田苗床培肥的基础上，钵苗育秧技术还要注意及早进行秧苗追肥工作，防止秧苗落黄，保证水稻 4 叶期长粗，并有分蘖发生。主要措施是早施“断奶肥”，及时补充营养，促进水稻秧苗由“异养”转入“自养”。“断奶肥”于 2 叶期施用，每盘撒施 4 g 复合肥。复合肥氮、磷、钾总有效养分含量≥45%，比例分别为 15%、15%、15%。施肥后用喷壶轻洒清水，防止烧苗。4 叶期到移栽期间目标：提高移栽后的抗植伤能力和发根能力。关键在于提高苗体的碳、氮营养含量，以控水健根壮苗。主要措施是施好“送嫁肥”，注意控水。“送嫁肥”于移栽前 2～3 d 施，每盘用复合肥 5 g 左右。

2. 及时化控，防止秧苗旺长

在营养土中应用壮秧剂，因其含有多效唑，对秧苗高度有一定控制作用，但当秧龄超过 20 d 时，壮秧剂控高效果逐渐消退，秧苗明显窜高。因此，在钵苗秧龄达到 30 d 的情况下，必须单独施用多效唑进行化控，防止秧苗旺长，控制秧苗高度不超过 20 cm，以适应机插。从试验结果来看，在一定秧龄范围内，秧苗化控可分两次进行，第一次在 2 叶期左右，每百张秧盘可用 15%多效唑粉剂 4～5 g；第二次在 4 叶期左右，每百张秧盘可用 15%多效唑粉剂 5～6 g。兑水喷施，喷雾要均匀、细致。如果使用时秧苗叶龄较大或因机栽期延迟导致秧龄较长，都需要适当增加用量。

3. 病虫害防治

密切注意地下害虫、飞虱、稻蓟马及恶苗病、苗瘟等苗期病虫害的发生。摆盘后每隔 2～3 d 用药防治灰飞虱一次，每亩用 48%毒死蜱 80 mL 加氯虫苯甲酰胺 20 mL，于傍晚前均匀喷雾。移栽前喷施杀虫剂，做到带药移栽。

第三节　机插水稻大田栽插技术

一、高性能插秧机介绍

(一)插秧机简介

1. 插秧机的工作原理和分类

目前，国内外较为成熟并普遍使用的插秧机的工作原理大体相同。发动机分别将动力传递给插秧机构和送秧机构，在两大机构的相互配合下，插秧机构的秧针插入秧块抓取秧苗，并将其取出下移，当移到设定的插秧深度时，由插秧机构中的插植叉将秧苗从秧针上压下，完成一个插秧过程。同时，通过浮板和液压系统，控制行走轮与机体的相对位置和浮板与秧针的相对位置，使得插秧深度基本一致。

插秧机通常按操作方式和插秧速度进行分类。按操作方式可分为步行式插秧机和乘坐式插秧机；按插秧速度可分为普通插秧机和高速插秧机。目前，步行式插秧机均为普通插秧机；乘坐式插秧机既有普通插秧机，也有高速插秧机。按插秧机栽插行数分，步行式插秧机有2、4、6行等机型；乘坐式插秧机有4、5、6、8、10行等机型。按栽植秧苗区分，有毯状苗插秧机及钵苗插秧机两种，江苏地区使用毯状苗插秧机较多；钵苗插秧机结构较复杂，需使用专用秧盘，使用费用高。

2. 插秧机的主要技术特点

(1)基本苗、栽插深度、株距等指标可以量化调节

插秧机所插基本苗由每亩所插的穴数(密度)及每穴株数所决定。根据水稻群体质量栽培扩行、减苗等要求，插秧机行距固定为30 cm，株距有多挡或无级调整，可以达到每亩1万～2万穴的栽插密度。通过调节横向移动手柄(多挡或无级)与纵向送秧调节手柄(多挡)来调整所取小秧块面积(每穴苗数)，达到适宜基本苗要求，同时插深也可以通过手柄方便、精确地调节，能充分满足农艺技术要求。

(2)具有液压仿形系统，提高水田作业稳定性

它可以随着大田表面及硬底层的起伏，不断调整机器状态，保证机器平衡和插深一致。同时随着土壤表面因整田方式而造成的土质硬软不同的差异，保持浮板一定的接地压力，避免产生强烈的壅泥排水而影响已插秧苗。

(3)机电一体化程度高，操作灵活自如

高性能插秧机已达到世界先进机械技术水平，自动化控制和机电一体化程度高，充分保证了机具的可靠性、适应性和操作灵活性。

(4)作业效率高，省工节本增效

步行式插秧机的作业效率最高可达4亩/h，乘坐式高速插秧机可达7亩/h。在正常作业条件下，步行式插秧机的作业效率一般为2.5亩/h，乘坐式高速插秧机为5亩/h，远远高于人工栽插的效率。

(二)毯状苗插秧机

毯状苗插秧机有步行式插秧机和高速插秧机两种。

步行式插秧机是一种适合我国目前农村自然及经济条件、价格较为低廉的插秧机。所谓步行，就是手握机器手柄，步行前进操纵机器。这种机器结构简单、轻巧、操作灵便，使用安全、可靠，容易控制机插质量。步行式插秧机按行数分有2、4、6行等机型，一般选用4行机，6行机效率较高些，但增加了操纵难度。市场上有国产、合资、独资企业生产的多个机型可供选用，如富来威、东洋、井关、久保田、亚细亚等，其结构大同小异。由于步行式插秧机目前使用不多，因此本书不再详细介绍。下面介绍市面上比较常见的高速插秧机。

1. 型号与特点

高速插秧机是具有高科技含量的机型，与步行式插秧机相比，有舒适、高效率的优势。高速插秧机有4、5、6、8、10行等机型，行数越多，效率越高，但机器较笨重、价格偏高。一般使用6行机型，发动机在7～12马力，性价比较为适宜。现介绍东洋P600高速插秧机主要技术规格(表3-3)，其他型号可参照使用。

表 3-3　东洋 P600 高速插秧机主要技术规格

型号			P600
类别			乘坐式,6 行
尺寸	长(mm)		2 960(3 020)
	宽(mm)		2 010(2 870)
	高(mm)		1 450(1 540)
重量(kg)			550
发动机	型号		FE290G-7SX
	总排气量(mL)		286
	功率/转速/(s/r/min)		功率 7.0/(最大 8.06) 转速 1 800
	油耗/(g/s. h)		300
	起动方式		发动机
行驶部	车轮	种类	包胶叶轮
		外径(mm)	620(前轮)/850(后轮)
	变速挡数		前进 3、后退 1(副变速有 5 挡)
插秧部分	插秧臂种类		回转式
	秧苗传送方式/秧苗箱容量		皮带/2.2 枚
	行数/行距(cm)		6/30
插秧部分	株距(cm)/每 3.3 m^2 穴数		14.5,12.8,11.3/75,85,95
	插秧深度(cm,可调节)		0～4.6
	横取苗量(次)/纵取苗量(mm)		18,20,24(可调 3 挡)/8～17
效率	工作效率(亩/h)		4.7～7.5
	插秧速度(m/s)		0.15～1.2
苗的条件	苗的种类		苗盘育苗
	苗高(cm)		幼苗,10～18;中苗,15～25(最大 30)
	叶龄(叶)		2～5
田间条件	耕深(cm)		8～20
	水深(cm)		1～4

以下将以东洋 P600 高速插秧机为例,介绍高速插秧机的特征及各部分功能。图 3-3 是东洋 P600 高速插秧机各部分名称。

(1)东洋 P600 高速插秧机的特征

①回转式插秧臂具有高速特点(转一圈插两次)。

②采用自动调节的液压仿形装置。

③用监视器来了解加秧时间和插秧臂状态。插秧离合器在“插秧”位置和“不插秧”位置分别有指示灯提示，需要供秧时，会发出报警声响。

④采用四轮驱动，在出、入田块和过埂、过沟时十分方便。

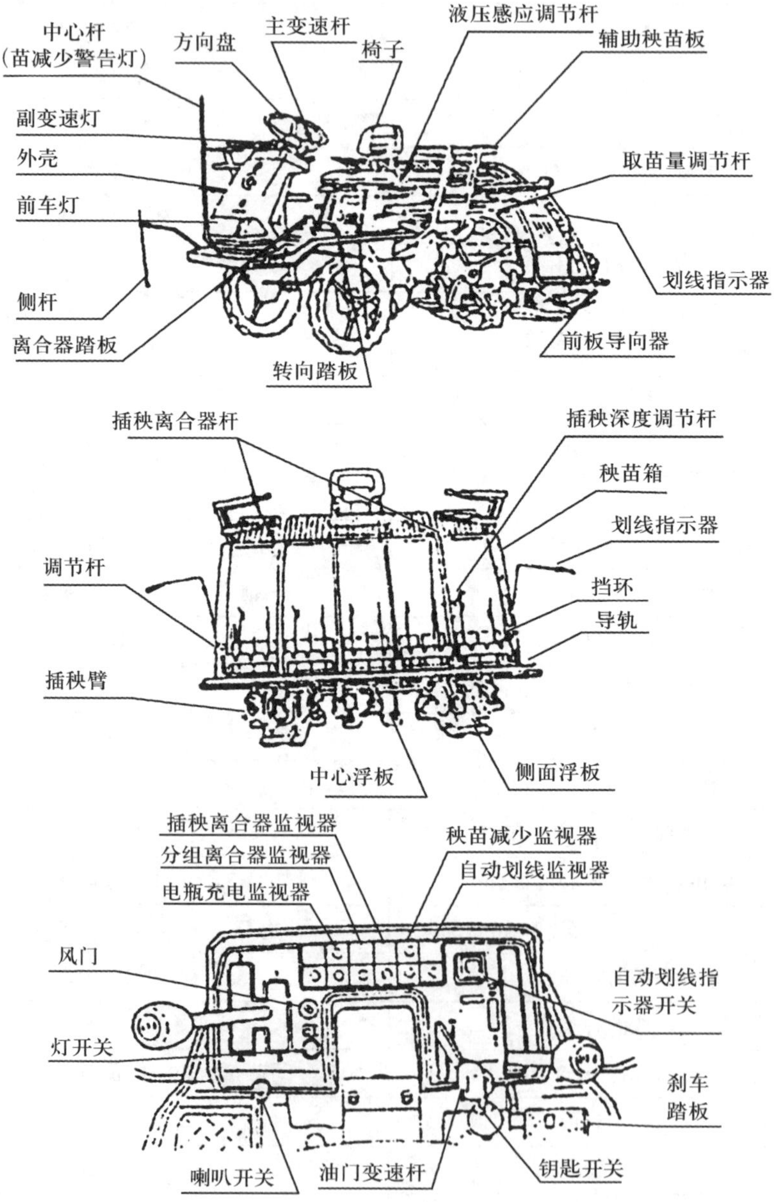

图 3-3 东洋 P600 高速插秧机各部分名称

⑤灵敏度很高的 5 段液压感应器，可自动调节适应地块的软硬程度。

⑥插秧深度和株距可方便调节。

⑦方向盘液压系统助力，操作轻快、方便。

(2)东洋 P600 高速插秧机各部分的功能

①开关功能。

钥匙开关：OFF，停止发动；ON，发动机工作。钥匙开关如图 3-4 所示。

喇叭开关：按下时，喇叭会响。喇叭开关如图 3-5 所示。

图 3-4　钥匙开关

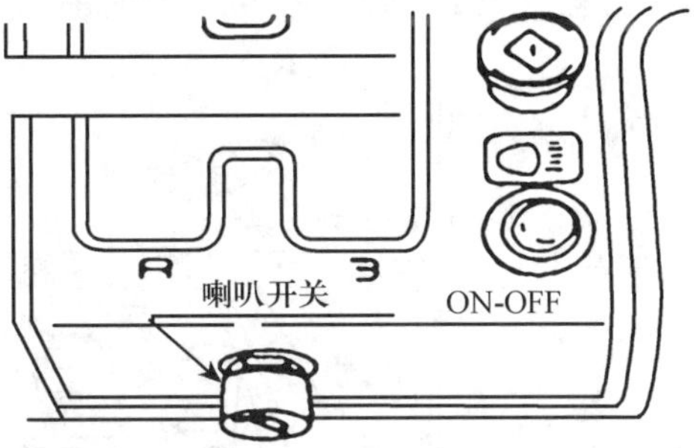

图 3-5　喇叭开关

自动划线指示器开关（图 3-6）：按下开关时（ON），可启动自动划线指示器（指示灯亮）。再按一下开关，自动划线指示器停止工作（指示灯熄灭）。

前车灯开关（图 3-7）：ON，前车灯亮；OFF，前车灯熄灭。

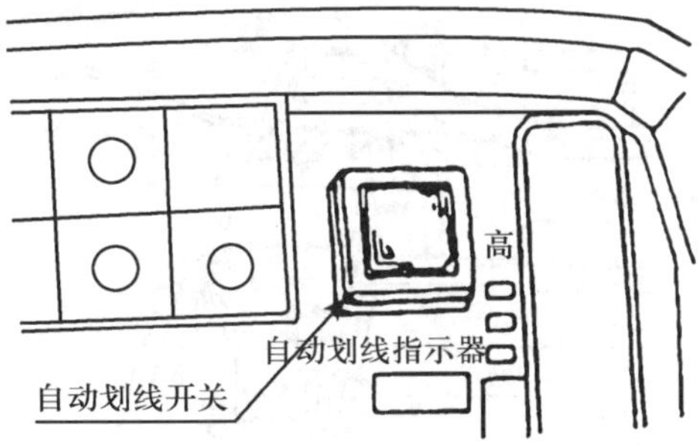

图 3-6　自动划线指示器开关

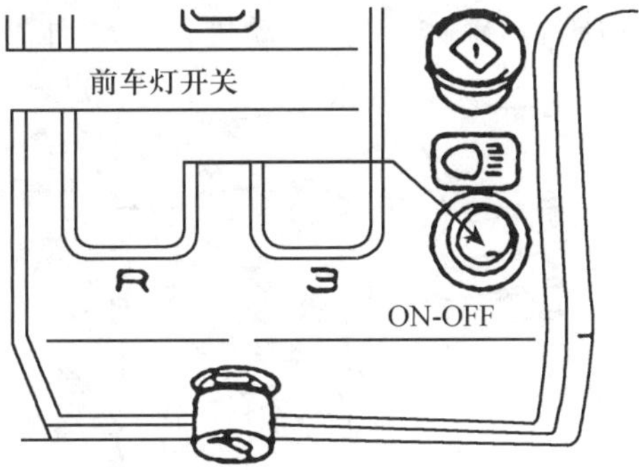

图 3-7　前车灯开关

②监视器的功能。

分组离合器监视器：分组离合器杆在“连接”位置上时，指示灯亮。监视器如图 3-8 所示。

插秧离合器[断]监视器：插秧离合器杆在“插秧”位置时，指示灯亮。

秧苗减少监视器：秧苗箱里的秧苗少至一定量时，指示灯亮。

电瓶充电监视器：电瓶电压变低时，指示灯亮，提示尽快充电。

图 3-8　监视器

中心杆:是驾驶员直线行驶标识杆,中心杆顶端有指示灯。秧苗箱里的秧苗少到一定量时,指示灯亮,提示要尽快加秧。中心杆如图 3-9 所示。

划线器监视器:指示灯亮,划线器监视器进入工作状态。划线器监视器如图 3-10 所示。

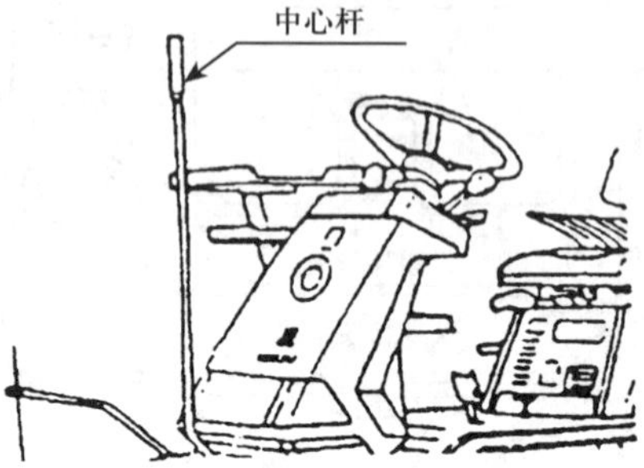

图 3-9　中心杆

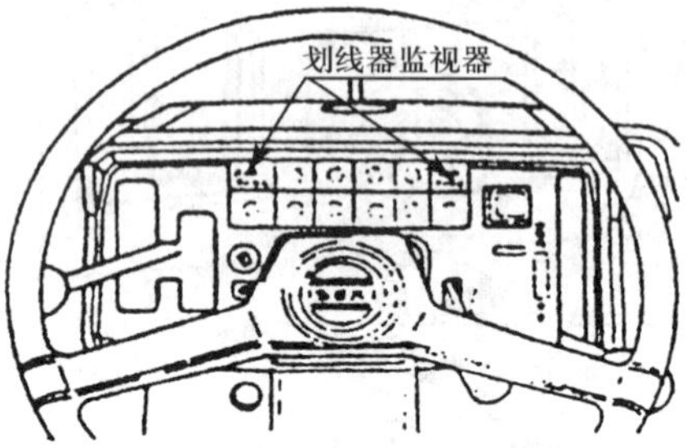

图 3-10　划线器监视器

③各操作装置功能。

油门变速杆:杆拉起时,发动机转速增加;推下时,发动机转速下降。油门变速杆如图 3-11 所示。

油门踏板:踩踏板时,发动机转速增加。油门踏板如图 3-12 所示 。

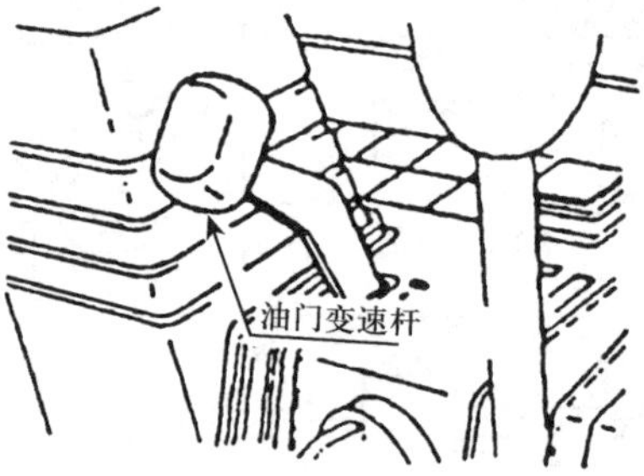

图 3-11　油门变速杆

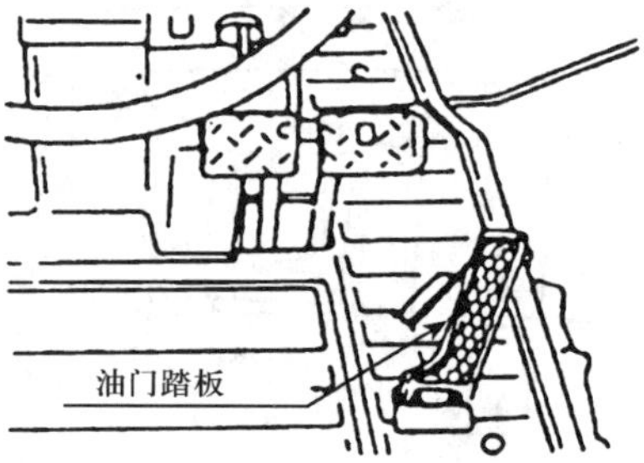

图 3-12　油门踏板

风门:在发动机冷的情况下,可拉起风门手柄,起动发动机。起动后,应推回风门。风门如图 3-13 所示。

主变速杆:可改变车速,前进时分 3 挡(1、2 挡为插秧,3 挡为行驶),后退时 1 挡、PTO 轴和空挡。主变速杆如图 3-14 所示。

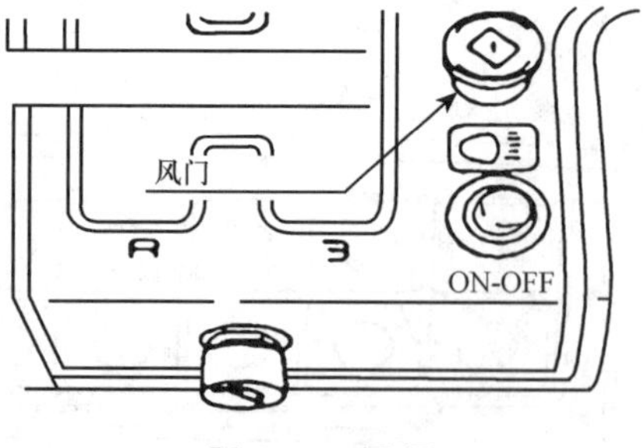

图 3-13　风门

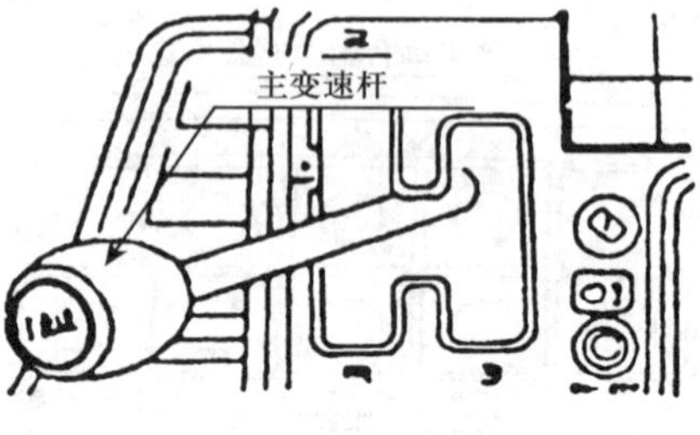

图 3-14　主变速杆

副变速杆:与主变速杆一起使用时,可改变车速。把杆往外推为“增速”,往里拉为“减速”。

副变速杆如图 3-15 所示。

插秧离合器杆:利用此杆可控制插秧装置的上升和下降,以及插秧装置的动力传输。插秧离合器杆如图 3-16 所示。

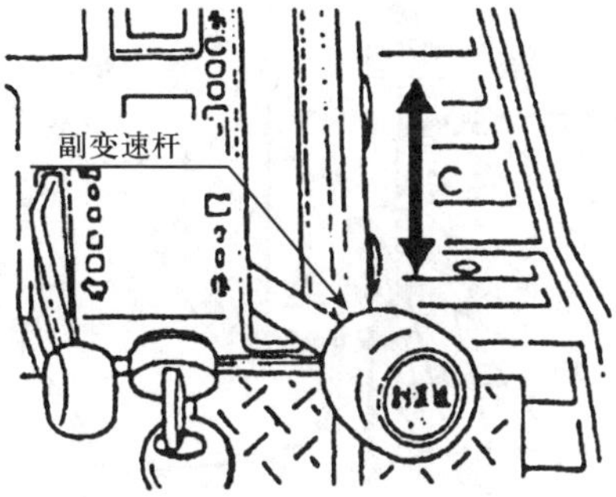

图 3-15 副变速杆

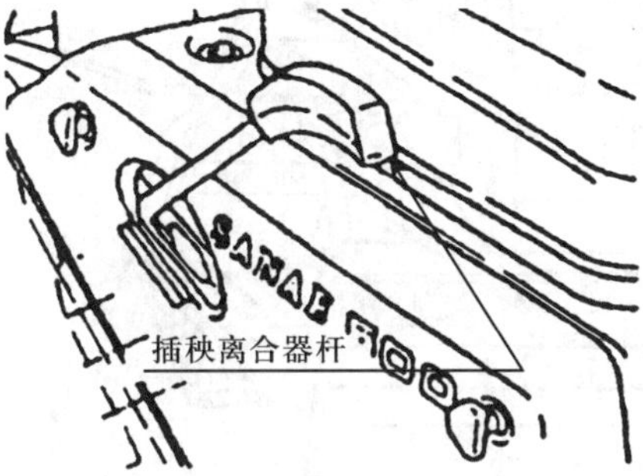

图 3-16 插秧离合器杆

方向盘角度调节杆:为方向盘锁定装置。打开时,方向盘角度可以调节,调节完后再用调节杆锁定。方向盘角度调节杆如图 3-17 所示。

株距变换杆:可上下调节,改变插秧时的株距。注意,只有当主变速杆在 PTO 位置上、发动机低速运转时,方可调节此杆。株距变换杆如图 3-18 所示。

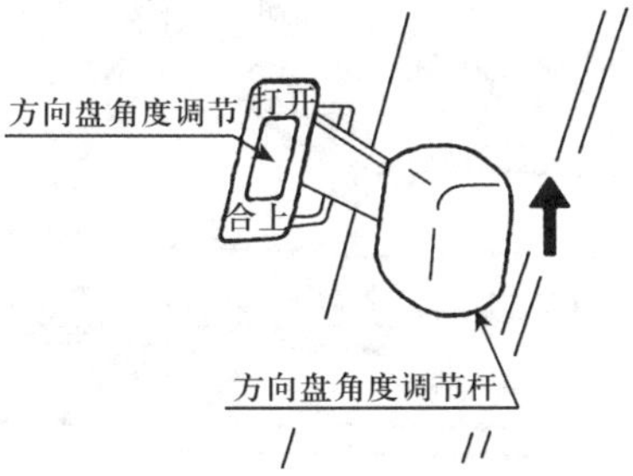

图 3-17 方向盘角度调节杆

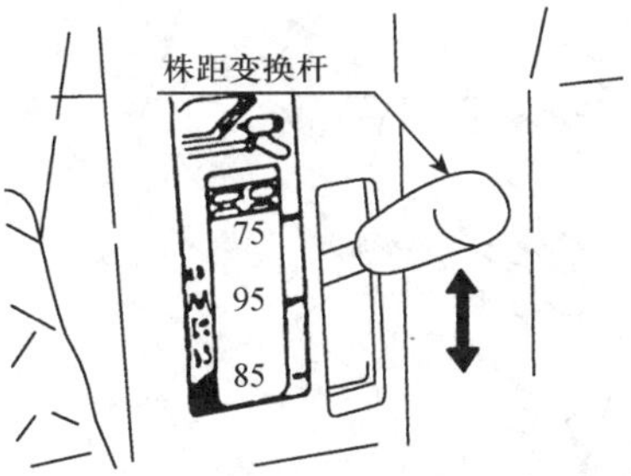

图 3-18 株距变换杆

株距副变速插孔:选择最合适株距的备用插孔。注意,不能变换时,请先移动插秧臂。株距副变速插孔如图 3-19 所示。

离合器踏板(主离合器踏板):用来连接或切断主离合器。踏下时,主离合器切断;再踩一下,离合器就会重新连上。离合器踏板如图 3-20 所示

图 3-19 株距副变速插孔

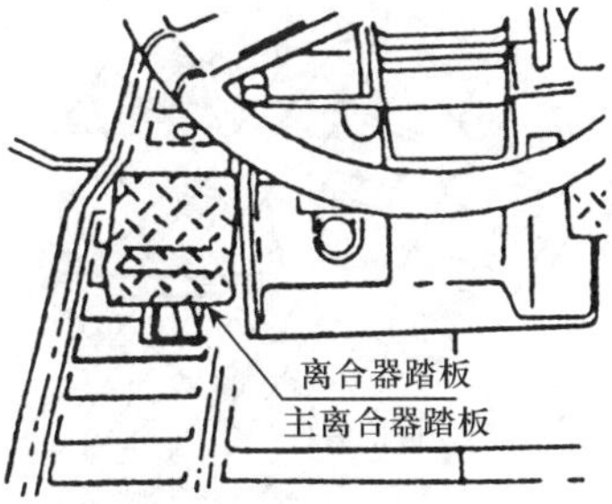

图 3-20 离合器踏板

刹车踏板：踩左侧的踏板时，与左侧的后轮连接；踩右侧的踏板时，与右侧的后轮连接。转弯时，踩转弯一侧的踏板。不在田间时，特别是行驶时，连接好左右刹车。刹车踏板如图 3-21 所示。

刹车杆：可让插秧机停车。刹车杆如图 3-22 所示。

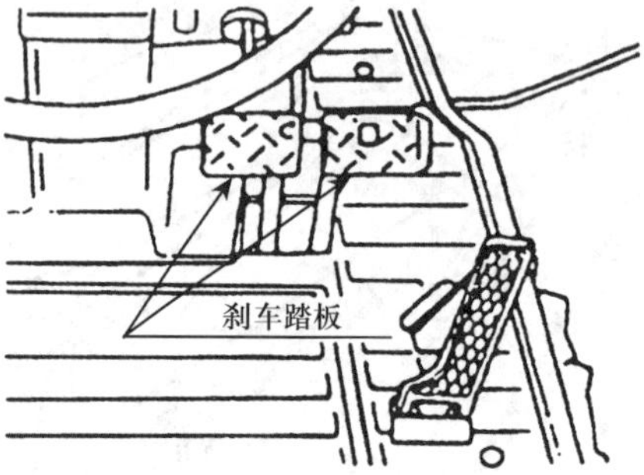

图 3-21　刹车踏板

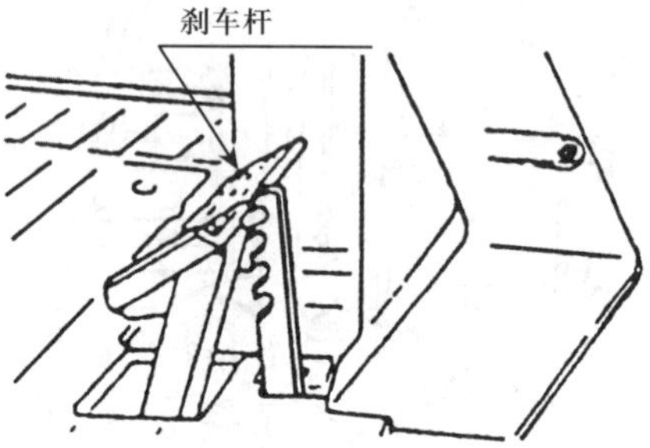

图 3-22　刹车杆

转向踏板（差速器锁定踏板）：在插秧机后轮打滑时使用。转方向盘时，不要踩此踏板。转向踏板如图 3-23 所示。

液压感应器调节杆：根据地块的软硬程度，改变液压传感器的灵敏度。此杆在“固定”位置上时，插秧装置不会下降。液压感应器调节杆如图 3-24 所示。

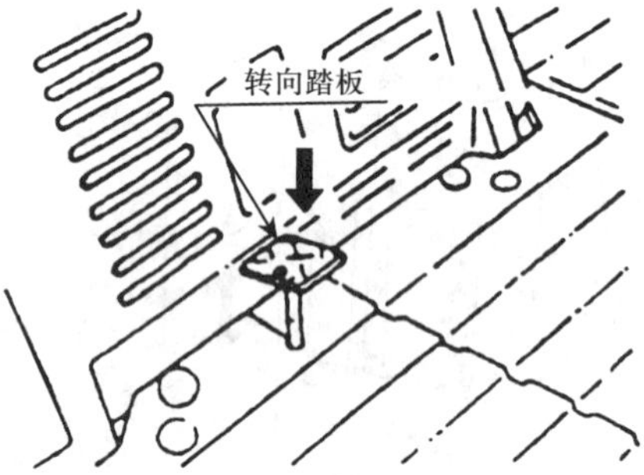

图 3-23　转向踏板

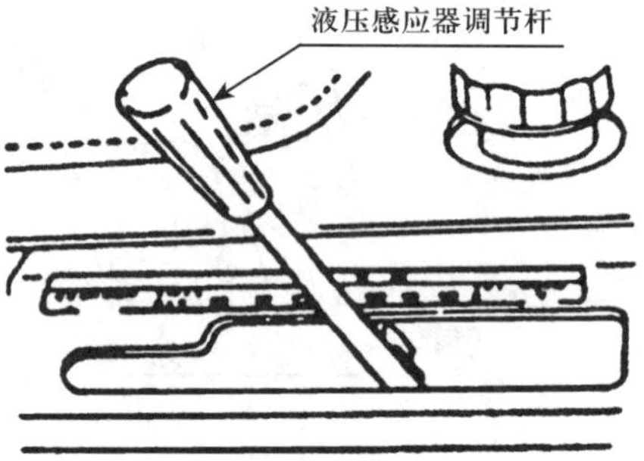

图 3-24　液压感应器调节杆

插秧深度调节杆：用于调节插秧深度。固定在上面时为浅，固定在下面时为深。插秧深度调节杆如图 3-25 所示。

分组插秧离合器杆：共有三组，可以分别操纵每组两行插秧臂的工作与否。可以根据田间的情况，调整插秧的行数。分组插秧离合器杆如图 3-26 所示。

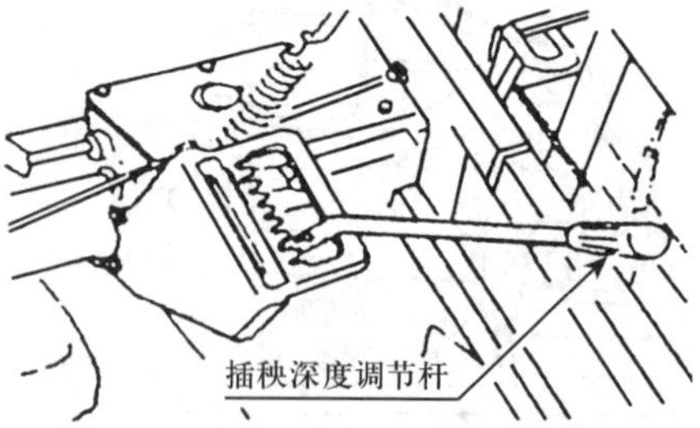

图 3-25　插秧深度调节杆

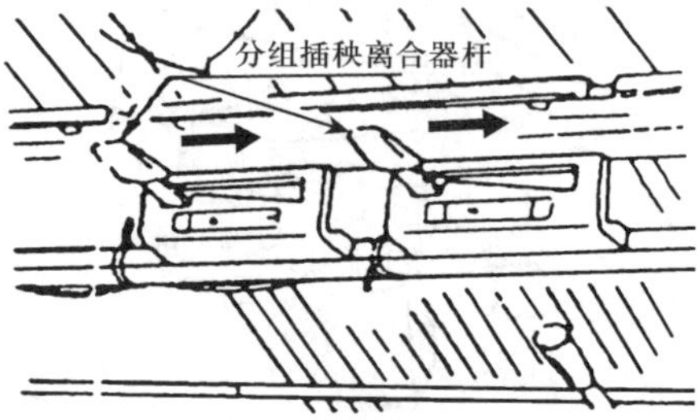

图 3-26　分组插秧离合器杆

纵向取苗量调节杆：可用于调节纵向取苗量，移到右侧时取苗量最小。纵向取苗量调节杆如图 3-27 所示。

横向输送量调节杆：可用于调节横向输送量，在苗箱移动至两端时调节。横向输送量调节杆如图 3-28 所示。

图 3-27　纵向取苗量调节杆

图 3-28　横向输送量调节杆

压苗解除杆：需要起出秧苗时，请把杆放在“撤销”位置上。压苗解除杆如图 3-29 所示。

秧苗挡环：用于边行不需插秧时，推下挡环把该行秧苗挡住，栽植臂抓不到秧，就会停止插秧。秧苗挡环如图 3-30 所示。停止两行插秧臂时，用分组插秧离合器杆。

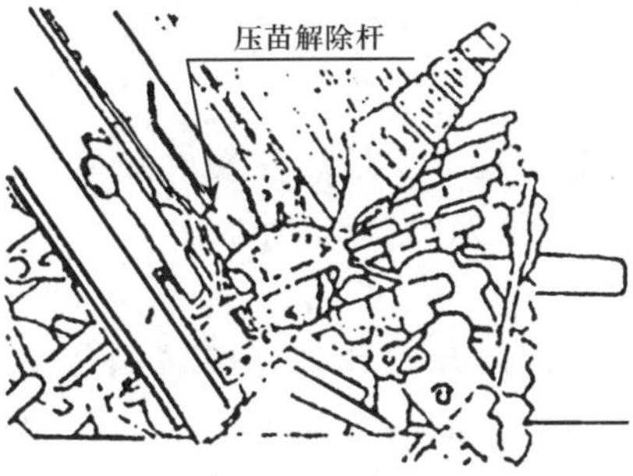

图 3-29　压苗解除杆

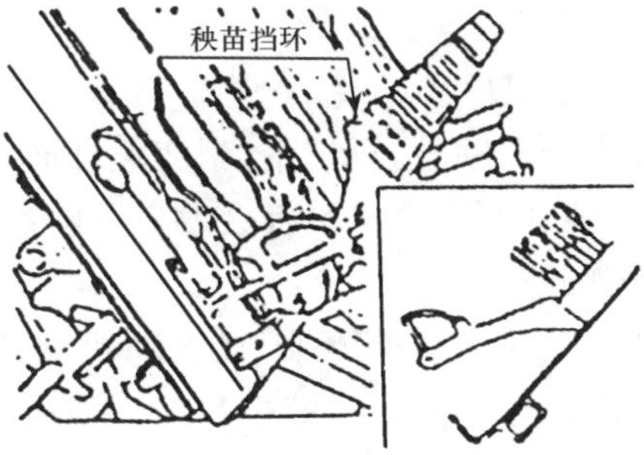

图 3-30　秧苗挡环

2. 操作技术

(1)启动发动机

①打开燃油开关。如图 3-31、图 3-32 所示，把燃油开关放在“ON”的位置上(方向向下)。

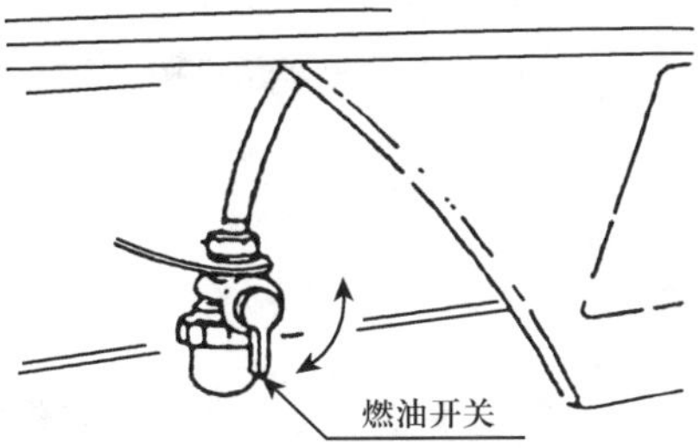

图 3-31　燃油开关

图 3-32　燃油开关(放大)

②插秧离合器杆。把插秧离合器杆放在“固定”的位置上。

③油门。把油门变速杆放在“中间”的位置上。

④拉风门。拉起风门手柄。

⑤离合器。踩离合器踏板，断开离合器(图 3-33)。

⑥点火。将钥匙开关上的钥匙转到“点火”的位置上。点火如图 3-34 所示。注意，如 10 s 内无法启动，请把钥匙转回“OFF”，等 30 s 后再启动。

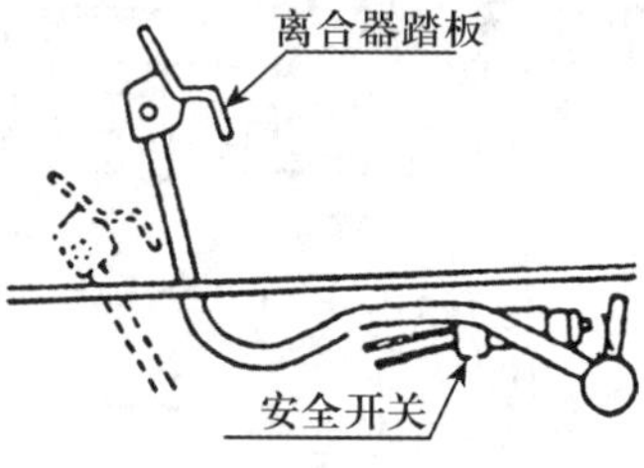

图 3-33　踩离合器踏板

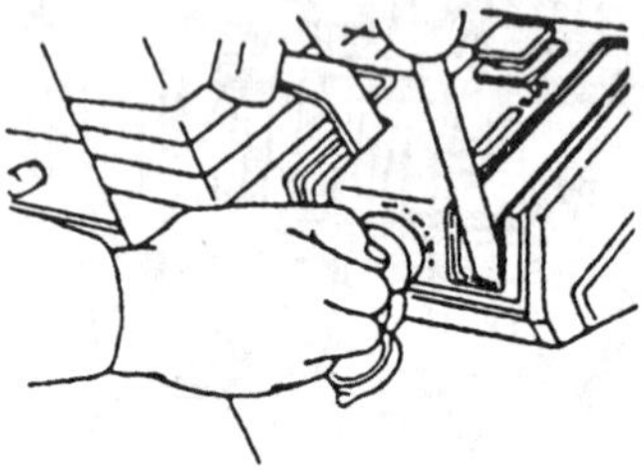
图 3-34　点火

⑦推风门。发动机起动后，将风门推入。

(2)停熄发动机

先把油门变速杆往外侧推，让发动机低速运行。再把钥匙开关上的钥匙转到“OFF”位置上，让发动机停熄。因为钥匙开关放在“ON”的位置上，电瓶会放电，故请养成发动机停熄后拿下钥匙的习惯。

(3)开车的方法

先踩住离合器踏板，再把主、副变速杆放在合适的位置上。最后慢慢放开离合器踏板。

注意，迅速放开离合器踏板会发生危险。开车示意图如图 3-35 所示。

(4)停车的方法

先将油门变速杆往外侧推，让发动机减速。再把钥匙开关转到“OFF”的位置上，让发动机停熄。最后同时踩离合器踏板和刹车踏板。停车示意图如图 3-36 所示。

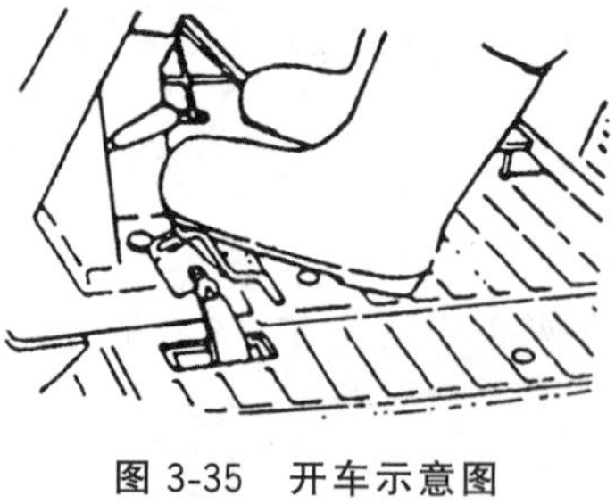
图 3-35　开车示意图

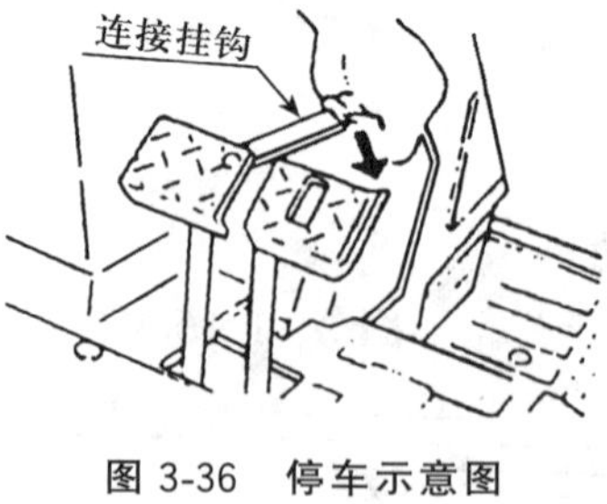

图 3-36　停车示意图

(5)道路行驶

①把划线指示器挂上。划线指示器如图 3-37 所示。

②拉上侧面指示器。侧面指示器如图 3-38 所示。

③卸下导向器前的夹子，调整好导向器的位置。调整导向器如图 3-39 所示。

④利用连接挂钩，扣好左右刹车的踏板。

⑤把插秧离合器杆放在“上”的位置，将插秧装置完全提起。

⑥把液压感应器调节杆放在“插秧装置下降固定”的位置上。液压感应器调节杆如图 3-40

所示。

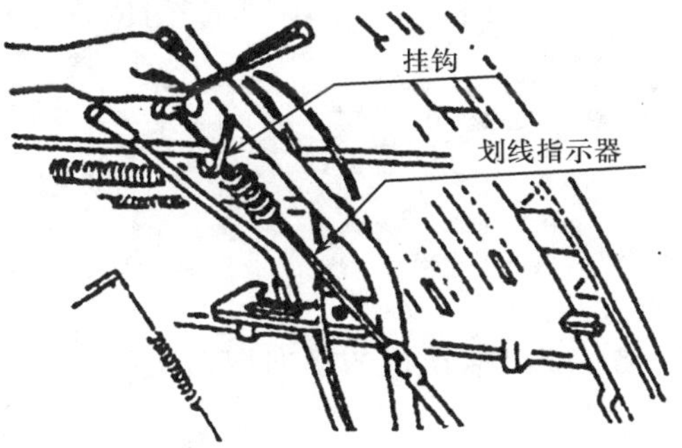

图 3-37 划线指示器

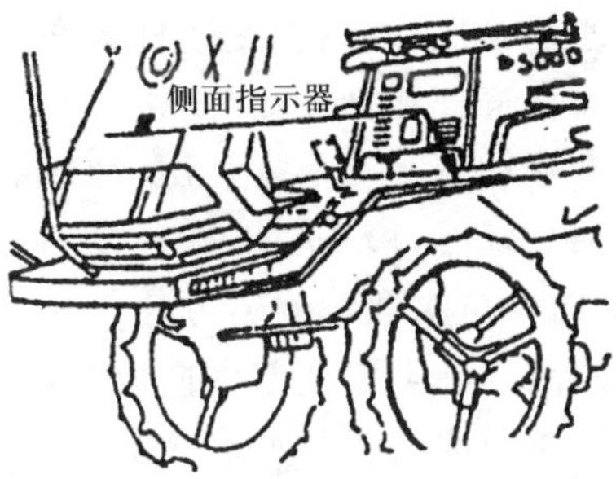

图 3-38 侧面指示器

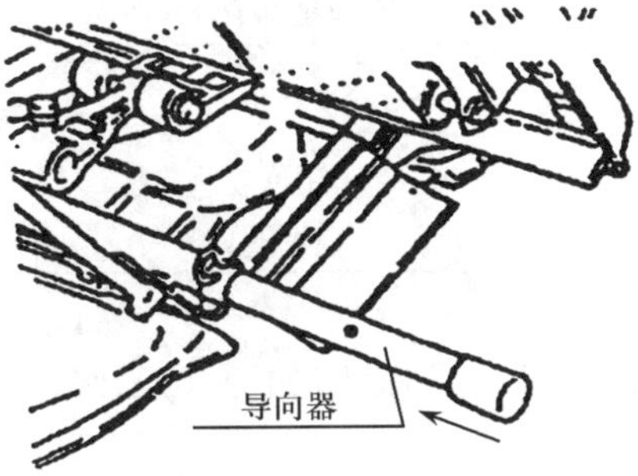

图 3-39 调整导向器

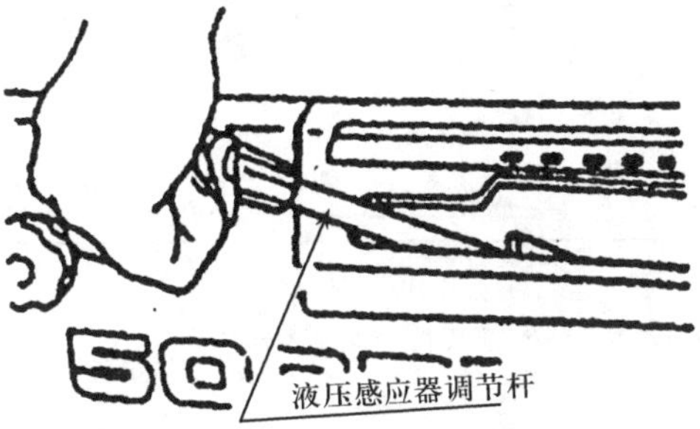

图 3-40 液压感应器调节杆

⑦在把主变速杆放在“PTO”位置上、插秧离合器杆放在“连接”的位置上以后，秧箱移到机器的中央，将插秧离合器杆放在“断”的位置上。按实际情况选择主、副变速杆。

(6)出入田间的方法

①完全提起插秧装置。进入田间方法如图 3-41 所示。

②主变速杆放在“1”上，副变速杆放在“低速”上，然后慢慢驶入田间。

注意，务必使用搁板；连接左右刹车的踏板；进入田间时，不要在辅助秧板和秧苗箱里装秧苗或货物；进入田间时，插秧机应与田头垂直。垂直进入田间如图 3-42 所示。

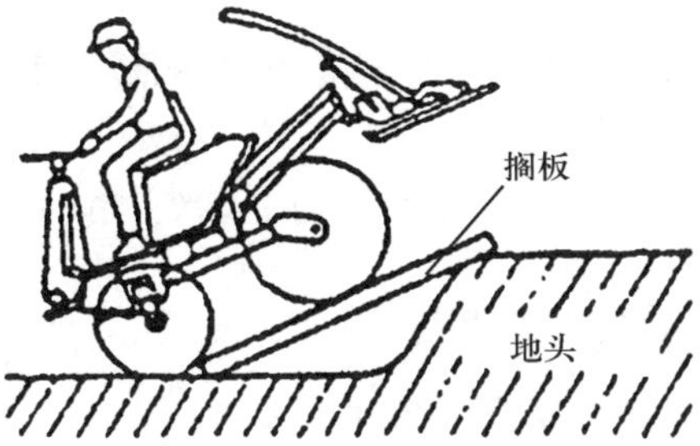

图 3-41 进入田间方法

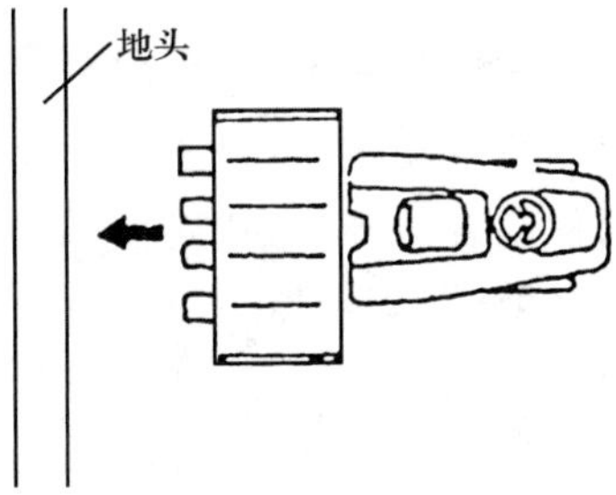

图 3-42 垂直进入田间

(7)离开田间的方法

①完全提起插秧装置。

②主变速杆放在“后退”上，副变速杆放在“低速”上，然后慢慢从田间出来。

(8)株距的调节方法

①完全提起插秧装置,把液压感应器调节杆放在“插秧装置下降固定”的位置上。

②低速运行发动机,主变速杆放在“PTO”位置上。

③把插秧离合器杆放在“连接”的位置上,转动插秧臂。

④上下移动株距变换杆,寻找合适的位置。

⑤杆调节好后,检查一下插秧臂是否能转动。

(9)横向取苗次数的调节方法

根据秧苗的种类来调节横向取苗的次数。出厂时,插秧机的横向取苗次数设在 24 次。不同大小苗的横向取苗次数见表 3-4。

表 3-4　不同大小苗的横向取苗次数

秧苗的种类	横向取苗次数
小苗	24 次
中苗	20 次
中苗/大苗	18 次

横向取苗次数调节时,苗输送凸轮的位置如图 3-43 所示,剖面图如图 3-44 所示。具体步骤如下。

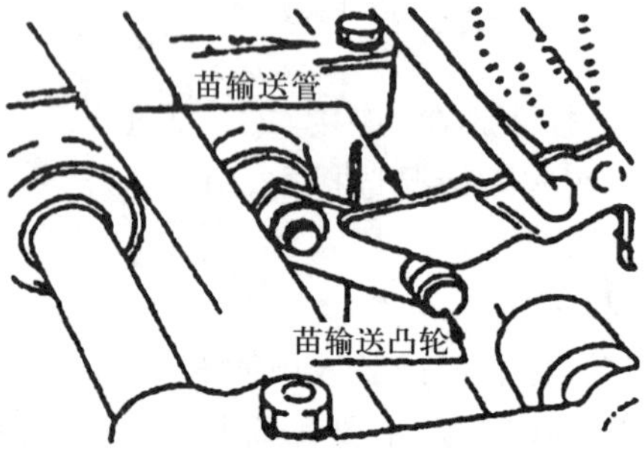

图 3-43　苗输送凸轮的位置

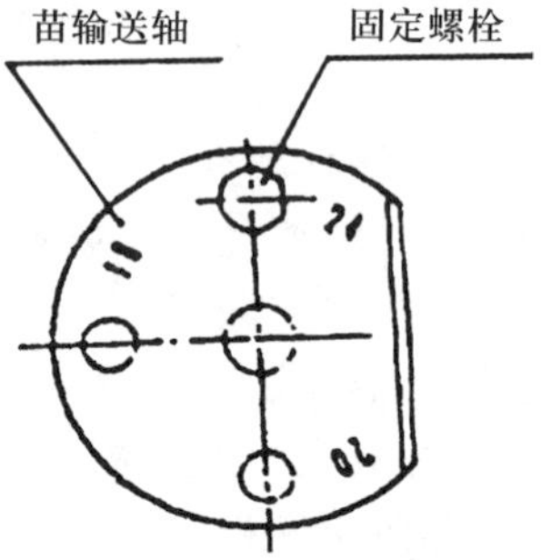

图 3-44　剖面图

①完全提起插秧装置,把液压感应器调节杆放在“插秧装置下降固定”的位置上。

②低速运行发动机,主变速杆放在“PTO”的位置上。

③把插秧离合器杆放在“连接”的位置上,移动秧苗箱至左右任何一端处,苗输送凸轮和苗输送臂接触之前,踩离合器踏板。

④停熄发动机,将主变速杆放在“空挡”的位置上。

⑤松开横向取苗调节杆的固定螺栓,将杆转送到合适的位置上。

⑥将固定螺栓拧紧。

(10)插秧深度的调节方法

如图 3-45 所示,可利用插秧深度调节杆来选择插秧的深度(共九挡):图 3-46 中①为最深,⑨为最浅。⑦～⑨一般不使用,因太浅时秧苗可能会倒伏或漂秧。一般插秧深度以 0.5～1 cm 为好。插秧深度示意图如图 3-47 所示。

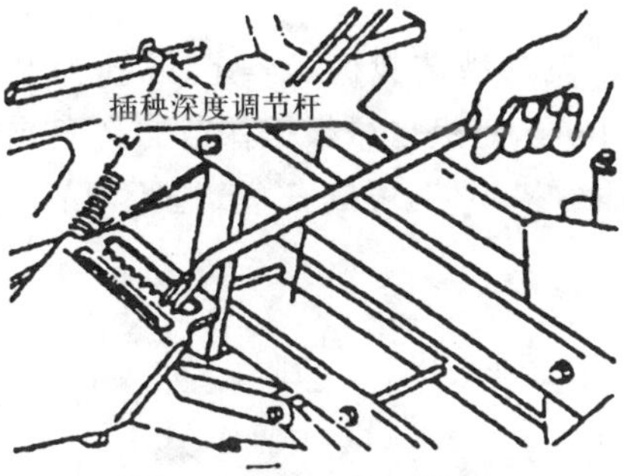

图 3-45　插秧深度调节杆

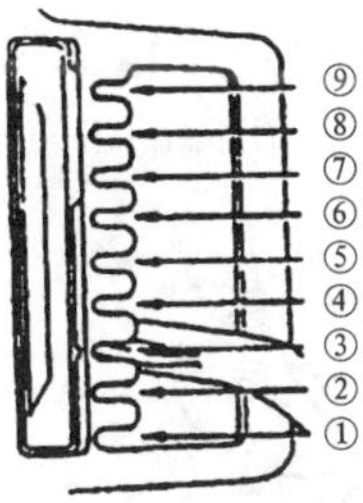

图 3-46　插秧深度调节杆(放大)

图 3-47　插秧深度示意图

(11)纵向取苗量的调节方法

如图 3-48、图 3-49 所示,通过左右调节纵向取苗量调节杆的方式来调节纵向取苗量。往左调取苗量多,往右调取苗量少。调节杆放在标准位置时,取苗量为 11 mm。

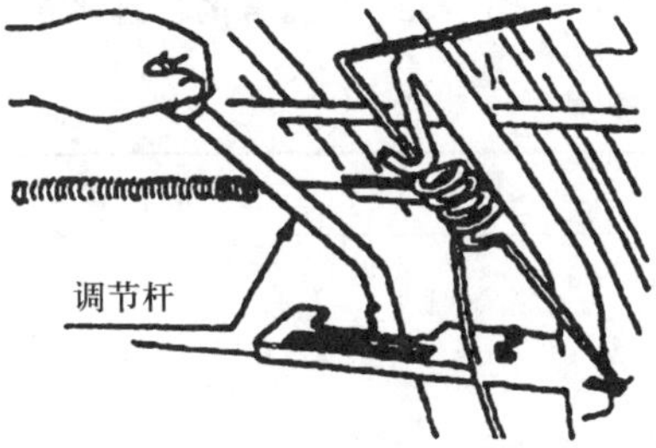

图 3-48　纵向取苗量调节杆

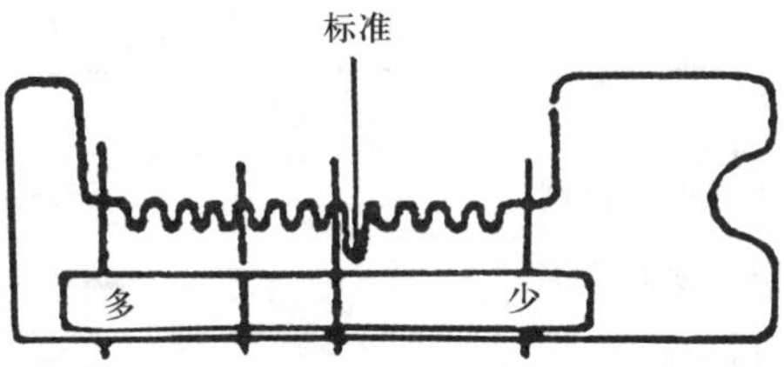

图 3-49　纵向取苗量调节杆(放大)

(12)秧苗输送皮带纵向送秧量的调节方法

纵向取秧量应与纵向送秧量相协调,在苗输送调节杆上有 3 个销孔,插入不同的销孔位置与纵向取秧量的不同区段相适应。如图 3-50 所示,销孔 1 与 1′、2 与 2′、3 与 3′相适应(新机型有纵向送秧量与纵向取秧量相对应的联动装置,不需再行调节)。

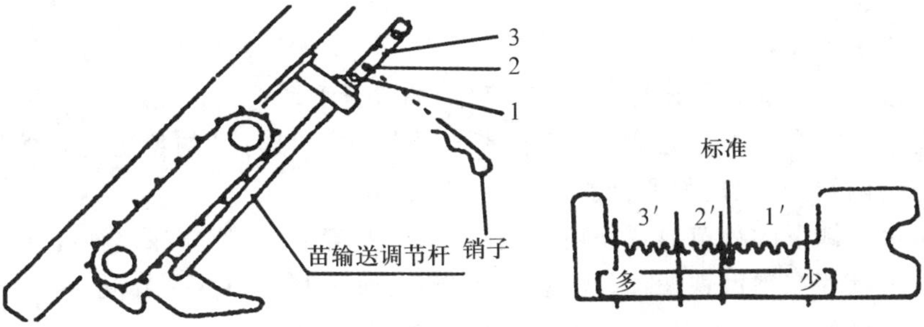

图 3-50　秧苗输送皮带的调节方法

(13)液压感应器调节杆的调节方法

根据插秧田块土面的软硬程度,使用调节杆改变液压传感器的敏感度,分别放在软与硬的各个位置上实现软地或硬地插秧作业。调节调节杆时,插秧深度会有变化,应在调节杆变动后,再确认一下插秧深度,如插深达不到要求时,再拨动调节杆,达到浅插的要求。液压感应器调节杆调节方法如图 3-51 所示。

(14)阻拦棒的调节方法

卸下夹子后，改变阻拦棒在座板上的位置(4个孔)，可以调整秧苗栽植的姿态，③孔为安装标准位置，当栽插姿态不好时，可以按图3-52改变阻拦棒的位置，座板也可根据秧苗的高度前后调节。注意，调整时，左右应一致。如果在标准位置上试插后效果不佳，可按表3-5进行调节。

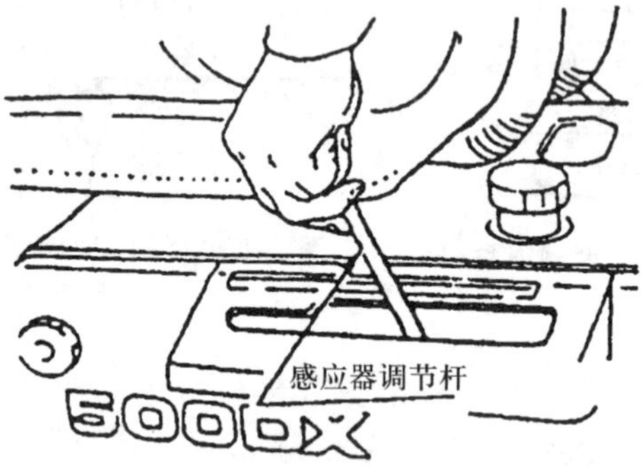

图3-51 液压感应器调节杆调节方法

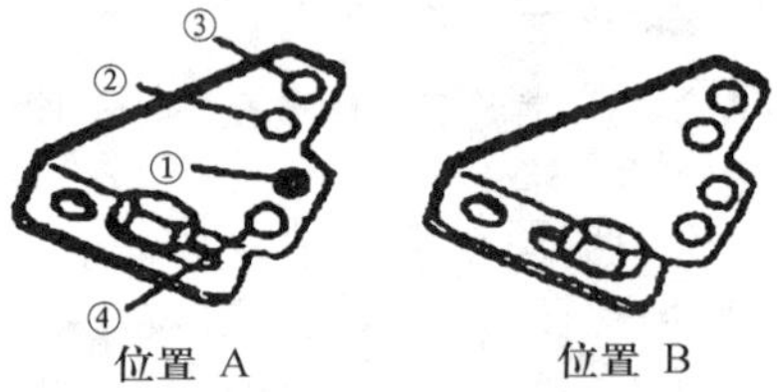

图3-52 阻拦棒的位置调节

表3-5 阻拦棒的调节方法

存在问题	阻拦棒的位置应更换到
插的秧向前倒	①、②
插的秧向后倒	④
插的秧散开	④
秧分不开	①、②
秧的叶子散开	④

(15)插秧操作步骤

①进入稻田后，把主变速杆放在“空挡”的位置上。

②把左右刹车踏板的挂钩打开。

③将划线指示器设在“工作”的位置上。

④将侧面指示器和前板导向器也设在“工作”的位置上。

⑤将主变速杆放在“PTO”位置上，插秧离合器杆放到“连接”的位置上。然后，将秧苗箱放在机械的左右两端，并把插秧离合器杆放在“断”的位置上。

⑥将取苗板上卸下的秧苗放在秧苗箱上。注意，秧苗箱放在左右两端后，方可放置秧苗。

⑦把预备苗箱放在辅助秧架上。注意，要在辅助秧板上放一块取苗板。

⑧将主变速杆放在“1”的位置上，副变速杆放在“低速”的位置上。

⑨将插秧离合器放在“连接”的位置上。

⑩将发动机设为“中速”后，慢慢放开离合器踏板，开始插秧。开始插秧之前，检查各装置是否均已调节好。高地头处，将前板保护杆放在“工作”的位置上；低地头处，将前板保护杆放在“低地头”位置上。

(16)转弯的方法

①离地头较近时，副变速杆应放在“低速”的位置上，插秧离合器杆则放在“上”的位置上。

②踏下转弯方向的刹车踏板。

③利用中心杆与侧面指示器调节行距。机械行驶的方向应与操作方向一致(图 3-53)。

④插秧离合器杆放在“下”的位置上,卸下插秧装置后进行划线。返回时,使用另一侧划线器。

(17)自动划线指示器的使用方法

划线指示器会随着插秧装置的上升和下降而左右移动。打开自动划线指示器开关(图 3-54)后,开关灯和侧面指示器灯会亮起,注意将插秧离合器杆放在“上”的位置上。完全提起插秧装置后,确认划线监视器的灯变换后,再将插秧装置放下。插秧装置完全提起后,如把自动划线指示器开关打到“OFF”,侧面划线器将不工作。自动划线指示器开关操作方法如图 3-55 所示。

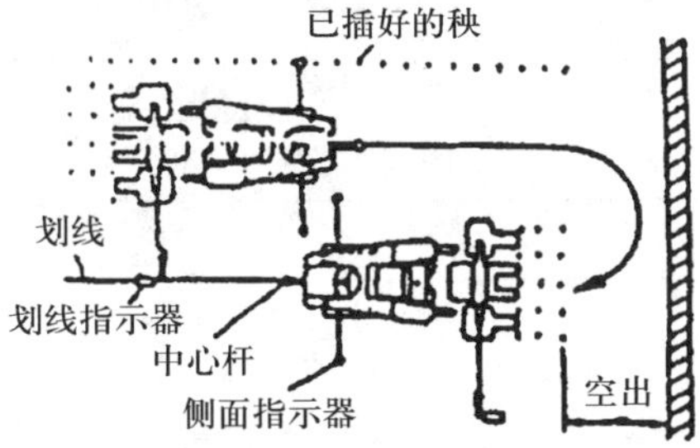

图 3-53　转弯方法示意图

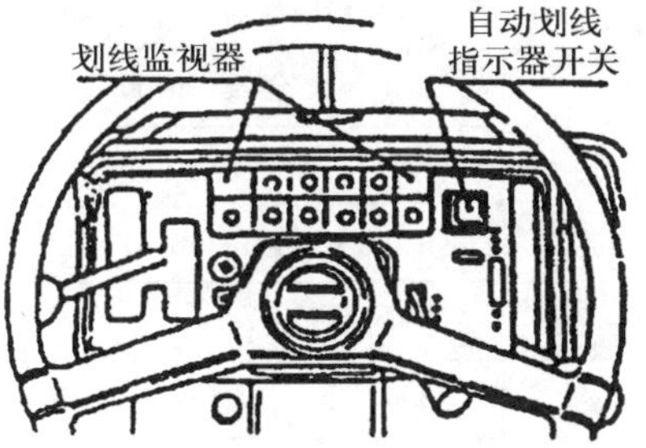

图 3-54　自动划线指示器

图 3-55　自动划线指示器开关操作方法

(18)结束插秧的方法

在第二次行程,按最后所留的空地与田埂距离调整所插行数时,请使用分组插秧离合器杆和秧苗挡环。按要求把分组插秧离合器杆放在“断”的位置上。分组插秧离合器杆位置如图 3-56 所示。分组插秧离合器杆使用之后,插最后一行行程时,必须放回到“连接”位置上。单行停插时,秧苗应往上拉,用挡环固定住。秧苗挡环固定方法如图 3-57 所示。使用秧苗挡环后,请务必将其塞回原处。

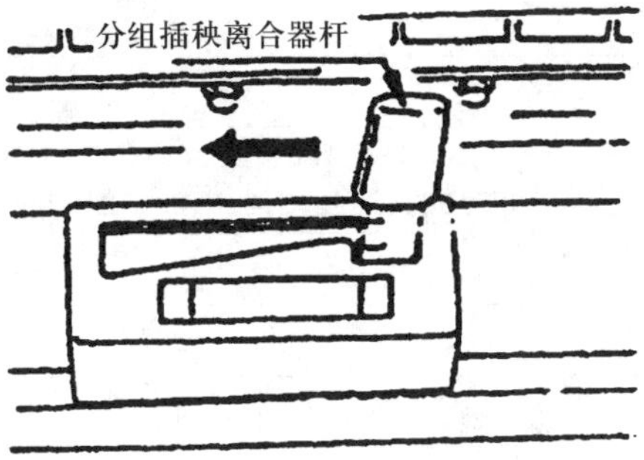

图 3-56　分组插秧离合器杆位置

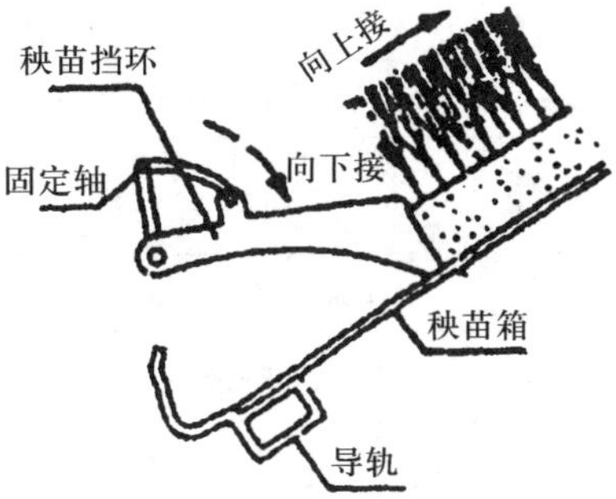

图 3-57　秧苗挡环固定方法

安全离合器工作时,插秧臂停止工作,若发出响声,应采取以下措施:马上断开离合器;断开插秧离合器杆,让发动机停下;查看取苗口和秧针间及插秧臂和浮板之间有无石头、树枝等杂物；看看插秧臂是否能转动，有没有与前板碰、擦，秧针是否已变形。

（三）钵苗插秧机

1. 型号与特点

目前，江苏省内使用的钵苗插秧机主要是常州亚美柯机械设备有限公司生产的2ZB-6A（RXA-60T）型钵苗乘坐式高速插秧机，其主要性能参数见表3-6。

表3-6 2ZB-6A（RXA-60T）钵苗乘坐式高速插秧机主要性能参数

型号		2ZB-6A（RXA-60D）
外形尺寸	全长（mm）	3 250
	全宽（mm）	2 105（作业时 2 730）
	全高（mm）	2 150
结构质量（kg）		726
发动机	型号	GT1300
	类型	斜式风冷4冲程汽油机
	总排量（cc{L}）	391{0.39}
	功率/转速（kwcps/min）	6.6(9.0)/3 600[(9.5(13)/4 000)]
	燃料箱（L）	9
	起动方式	电起动
行走轮	转向方式	Ackerman system（液压转向）
	结构形式	轮毂橡胶
	直径（mm）	720
	结构形式	轮毂橡胶
	直径（mm）	900,850
	变速挡数（挡）	前进2、插秧1、后退1
插秧部	工作行数（条）	6
	行距（mm）	330
	穴距（mm）	124、130、132、138、141、145、147、155、157、165、168、179、207、219、234、249、265、282
其他	插秧深度（mm）	10～40
	作业速度（m/s）	0.23～125
	生产率（hm^2/h）	0.3～0.43

水稻钵苗乘坐式高速插秧机（移栽机），采用不伤苗的独创旋转滑道式稀植栽培技术，通过秧苗栽植过程的顶→接→落→送→栽五个关键工作步骤，实现各传动机构之间的精确配合，即从育秧盘中将秧苗顶出→接苗器准确接苗→将秧苗落放在输送带上→旋转滑道机构完成钵体

秧苗栽植，突破了常规插秧机的产品结构原理。特别是从动力输出至各传动部件，秧苗顶出部件、接苗器部件、秧苗输送部件、栽植部件等各运动部件之间协调高度精确、一致的技术特点，保证了产品技术的先进性。

如图 3-58 所示，2ZB-6(RX-60AM)型水稻钵苗式高速插秧乘坐机可适应小田块作业，2ZB-6A(RXA-60T)型水稻钵苗双人乘坐 6 行移栽机可适合大田块作业。钵体育苗移栽技术采用浅耕平整的方式进行移栽。水稻钵苗乘坐式高速插秧机行距为 33 cm，株距为 12.4～28.2 cm，可以自由调节，实现移栽时疏密的自由调节。插秧深度，通过改变插秧深度调节杆的位置，可以选择 1～4 cm 四种不同插秧深度，并且装有秧苗漏栽报警装置，防止漏栽。钵体育苗移栽技术钵体成苗叶龄 4.5～5.5 叶，苗高 12～30 cm，育苗天数：寒冷地带 35～40 d，暖地早期 35～40 d，西南暖地 25～30 d。常规毯状育秧叶龄只有 3～3.5 叶，育苗天数一般为 15～20 d，因而秧龄弹性小、苗弱。钵体育苗移栽技术具有受秧龄限制小、种龄弹性大、栽植时间跨度大等特点，突破了毯状育秧技术受叶龄、苗高和栽插时间限制，无法满足双季稻、多季稻机插的不足，并能保证其高产增产。两者比较，钵体育苗移栽技术成套机械设备具有其自身的核心优势，在我国北方水稻种植地区、长江中下游稻麦两熟制地区和南方杂交稻应用地区，具有广泛的推广和应用价值，促进粮食增产，保障粮食安全。

图 3-58 水稻钵苗乘坐式高速插秧机 2ZB-6(RX-60AM)

2. 操作技术

操作技术和毯状苗插秧机基本相同，此处不作详细介绍。

二、大田耕作准备

水稻大田耕作准备，是水稻高产栽培技术中的一项重要内容，一般包括耕翻、灭茬、晒垡、施肥、碎土、耙地、平整等作业环节。机插秧采用中小苗移栽，对大田耕整质量和基肥施用等要求相对较高。耕整质量的好坏，不仅直接关系到插秧机的作业质量，而且关系到机插秧能否早生快发。因此，对机插秧大田进行精细的耕作准备十分重要。

(一)耕整

1. 耕整质量要求

机插秧对大田的总体要求是：旋耕深度 10～15 cm，犁耕深度 12～15 cm，不重不漏；田块平整无残茬，高低差不超过 3 cm，表土软硬适中，泥脚深度小于 30 cm；泥浆沉实，达到泥水分清的要求，泥浆深度 5～8 cm，水深 1～3 cm。

(1)田面平整

在 3 cm 的水层条件下，高不露墩，低不淹苗，以利于秧苗返青活棵，生长整齐。否则高处缺水使幼苗干枯，低洼处水深使幼苗受淹。一般要求耕整后大田表层稍有泥浆，下部土块细碎，表土软硬适中(使用锥度计测定，锥顶穿透土层深度 8～10 cm)。高性能插秧机虽有多轮驱动、水田通过性能好的优点，但耕作层过深，会导致插秧机负荷加大，行走困难，甚至打滑，不能保证正常的栽插密度。此外，高性能插秧机虽有液压仿形装置，保证机器有较低的接触压力，但整地次数过多，土层过于黏稠，不利于沉实，机器前进过程中仍然有壅泥情况等出现，以致影响栽插质量。

(2)田间无杂草等

田间无杂草、稻茬、杂物，否则机器在前进过程中，残茬杂物会将已插秧苗刮倒。

2. 耕整工艺

(1)茬口地耕整

①前茬秸秆粉碎。前茬作物收获时必须进行秸秆粉碎，并均匀抛撒。如果前茬为麦子，则机收时应进行秸秆粉碎，留茬高度应小于 15 cm；若机收时未进行秸秆粉碎，则应增加一次秸秆粉碎作业或将秸秆移出大田。

②旱整。在土壤湿度和含水率适宜时，可采用正(反)旋、浅耕、耙茬三种方法灭茬，其中，反旋灭茬方法效果较好。尽量避免深度耕翻。作业时要控制深度在 15 cm 以内，保证耕深稳定，残茬覆盖率高，无漏耕等现象。地块不平的要增加一次交叉旱平，做到田内无暗沟、坑洼，大田高低差和平整度达标。对于大面积田块平整，可考虑采用激光平地技术进行旱整。如暂时没有条件使用激光整地技术的，对高低差大的田块，要划格作业，大田隔小田，以取得相对范围内的旱整地质量达标。

③水整。浅水灌入，浸泡 24 h 后进行水整拉平。条件适宜时，可在旱整后晾土至适度，再上水浸泡，这样不易形成僵土。水整可采用水田埋茬起浆机、水田驱动耙等设备。在水整中应注意控制好适宜的灌水量，既要防止带烂作业，又要防止缺水僵板作业。

由于水整前旋耕灭茬等作业的深度浅于原耕作层，加上起浆平地，作业条件复杂，要防止泥脚深度不一和埋茬再次被带出地表。

水整后大田地表应平整，无残茬、秸秆和杂草等，埋茬深度应在 4 cm 以上，泥浆深度达到 5～8 cm，田块高低差不超过 3 cm。

④沉实。水整后的大田必须适度沉实，一般在沙质土沉实 1 d、沙壤土沉实 2～3 d、黏质土沉实 4 d 后进行机插，田表水层以呈现所谓的“花花水”为宜。要严防深水烂泥，造成机插时壅水、壅泥等现象。对杂草发生密度较高的田块，可结合泥浆沉淀，在耙地后选用适宜除草剂拌湿润细土均匀撒施，并保持 6～10 cm 水层 3～4 d 进行封杀灭草。

(2)冬耕或冬间板茬地耕整

对于经过冬耕轮作的田地，可在采取交切耙旱整、刮平后，进入水整；对于地表残茬较少的未耕冬闲田，可在采取浅耕或旋耕旱整后，进入水整；对于地表无残茬、冬耕整质量较好、地面平整的田地，可直接进入水整。

(3)冬水田耕整

由于一些地区的农民惜水，因此在前茬晚稻收割后，田间会一直保水至早稻栽插。此类冬水田经过长时间冷水浸泡，土壤透气性差，泥脚深，还原性差，土壤温度较低。对于这类田块，要利用晴天提前在田间开沟抬田，上肥后浅旋耕，抢晴好天气日晒增温，并于栽前 3 d 左右漫平沉实。

(二)基肥施用

移栽前 5～10 d，每亩施粪肥 1 000～1 500 kg 或 25%复合肥 50～80 kg，以培肥地力。中等肥力大田，每亩施 35%水稻专用肥 30 kg 或 25%复合肥 40 kg 做底肥。先施肥再耕翻，以达到全层施肥，土肥交融。

三、移栽

(一)秧龄与规格

1. 毯状苗

毯状苗机插秧采用中小苗带土移栽，单季稻及中稻一般秧龄为 15～20 d，早稻育秧由于积温偏低，秧龄适当延长。但无论秧龄如何变化，一般都在 3.5～4.0 叶龄内、苗高 12～17 cm 时移栽。秧苗素质的好坏可以从秧苗的形态指标和生理指标两方面来衡量，在实际生产中，可通过观察秧苗的形态特征来判断。壮秧的主要形态特征是：茎基粗扁、叶挺色绿、根多色白、植株矮壮、无病株和虫害，其中，茎基粗扁是评价壮秧的重要指标，俗称“扁蒲秧”。适合机械化插秧的秧苗，除了个体健壮外，还有一个重要的整体指标，即要求秧苗群体质量均衡，常规粳稻育秧要求每平方厘米成苗 1.5～3 株，杂交稻成苗 1～1.5 株，单株秧苗白根量多，白根数以超过 10 条为宜，秧苗根系发达，根系盘结牢固，盘根带土厚度 2.0～2.5 cm，厚薄一致，提起不散，形如毯状，亦称毯状秧苗。

2. 钵苗

钵苗要求杂交稻每穴成苗 1.7～3.0 株，粳稻每穴成苗 3～5 株。秧龄 30 d 左右，叶龄 4.5～5.5，苗高 15～20 cm，单株茎基宽 0.3～0.4 cm，平均单株带蘖 0.3～0.5 个，单株白根数 13～16 条，单株发根力 5～10 条，百株干重 8.0 g 以上。秧苗均匀、整齐，茎部粗壮，无病，无黑根、枯叶。碳、氮养分适当，叶挺且有弹性，根原基数较多，移栽后发根力、抗逆性强，能够早扎根、早活棵、早发苗。

(二)移栽技术标准

1. 起运移栽

机插育秧起运移栽应根据不同的育秧方法采取相应措施，减少秧块搬动次数，保证秧块尺寸，防止枯萎，做到随起、随运、随栽。如遇烈日高温，运放过程中要有遮阳设施。具体要求如下。

对于软(硬)盘秧，有条件的地方可随盘平放运往田头，亦可起盘后小心卷起盘内秧块，叠放于运秧车；堆放层数一般以 2～3 层为宜，切勿过多从而加大底层压力；避免秧块变形和秧苗折断；运至田头应随即卸下平放，让秧苗自然舒展，利于机插。

2. 株距、行距

(1)毯状苗

每亩大田的基本苗由秧苗的行距、株距和每穴株数决定。插秧机的行距为 30 cm(固定不变),株距有多挡或无极调整,对应的每亩栽插密度为 1 万～2 万穴。正确计算并调节每亩栽插穴数和每穴株数就可以保证大田适宜的基本苗数。在实际作业中,一般是事先确定株距、行距,再通过调节秧爪的取秧量,即每穴的株数,即可满足农艺对基本苗的要求。

插秧机是通过调节纵向取秧量及横向送秧量来调节秧爪取秧面积,从而改变每穴株数的。如东洋 PF455S 插秧机的纵向取秧量的调节范围为 8～17 mm,共有 10 个挡位,每调一格改变 1 mm,手柄向左调,取秧量增多;手柄向右调,取秧量减少。调整标准取秧量(11 mm)时,需要用取苗卡规校正。横向移动调节装置设在插植部支架上的圆盘上,上面标有"26""24""20"三个位置,分别表示秧箱移动 10.8 mm、11.7 mm、14 mm。横向与纵向的匹配调整可形成 30 种不同的小秧块面积,最小取秧面积为 0.86 cm^2,最大为 2.38 cm^2。一般情况下先固定横向送秧量的挡位,然后用手柄改变纵向取秧量。根据这一原理,就可以针对秧苗密度调整取秧量,以保证每穴合理的苗数。

在实际作业中,首先要按照农艺要求,以每亩基本苗数和株距来倒推每穴株数。例如,某水稻品种基本苗要求 6 万～8 万株,如果株距为 12 cm,就可推算出每亩栽插密度在 1.8 万穴左右,每穴株数为 3.5～4.5 株。同时,注意提高栽插的均匀度。均匀度,即实际栽插穴苗数的分布情况,因为分蘖与成穗具有一定的自动调节能力,所以将计划苗数设定在苗数±1 的范围内,如计划平均穴苗数为 3 株,那么实际栽插穴苗数在 2～4 株可视为均匀。一般要求均匀度在 90%以上。

(2)钵苗

钵苗移栽机行距为 33 cm,株距为 12.4～28.2 cm,可以实现移栽时疏密的自由调节。

3. 移栽深度

在每次作业开始时,要试插一段距离,并检查每穴苗数和栽插深浅。这样既可以根据秧苗密度及时调整取秧量,保证每穴有 3～5 株苗,又可以根据大田具体作业条件,及时调节栽插深度,达到"不漂不倒,越浅越好"的要求,待作业状态符合要求并稳定后再开始连续作业。

第四节　机插水稻大田水肥管理

机插水稻大田水肥管理措施和手插秧大体一致,但也有自身的特点。如图 3-59 所示,机

图 3-59　机插秧

插秧采用中小苗移栽，其秧龄短、抗逆性较差、缓苗期长，但机插水稻的宽行浅栽，为低节位分蘖的发生创造了条件，其分蘖具有暴发性，分蘖期也较长，够苗期提前，高峰苗容易偏多，使成穗率下降，穗形偏小。针对机插水稻的这种生长特点，生产管理上可采用"前稳、中控、后促"的水肥管理措施，保证早返青、早分蘖、早搁田，中后期严格水浆管理，促进大穗形成，实现机插水稻的高产、稳产和优质。

一、返青、分蘖期

(一)返青、分蘖期的生育特性

返青、分蘖期是指移栽到幼穗分化以前的时期。此期以营养器官生长为中心，是决定穗数的关键时期，也是为大穗、多穗和最后丰产奠定基础的时期。生产上应运用合理的栽培措施缩短返青期，促进分蘖早发、发足，争多穗，控制无效分蘖，培育壮蘖、大穗，积累足够数量的干物质。

机插秧与常规手插秧和抛秧相比，在此期有其特有的生育特性，概括如下：

1. 抗逆性差

机插秧适宜移栽的秧龄为 15～20 d。此时，秧苗叶龄基本处于 3～4 叶期，高 13～18 cm，基本处于或刚刚结束离乳期进入自养阶段，根源基发育数目相对较少，加上播种密度高，根系盘结紧，机插时根系被切断拉伤，受伤的根系要几天时间才能恢复生长，机插后秧苗抗逆性比常规手插秧弱。因此，与常规手插秧和抛秧相比，机插秧的返青期相对长，一般长 3～5 d，有的甚至长 5～7 d。在机插后 5 d 内基本上无生长量，一般经历 14 d 左右才开始分蘖。

2. 伤秧严重

水稻秧苗在运送过程中，伤秧现象普遍且严重，但又经常被农民忽视。因为在秧苗从秧田苗床放到插秧机秧箱上的运送过程中，秧块被卷成筒，多层叠压在一起，肩挑或用板车等运送到大田间，再打开秧筒，一块一块地摆到插秧机秧箱上。由于嫩绿的秧苗脆弱，容易被折伤或折断，因此运送距离越长，叠压时间越久，秧苗伤害越严重，如图 3-60 所示。机插后，秧苗要经过几天时间才能愈合、生长，导致秧苗返青期长，严重的会造成死苗。有些人没有明白和理解这一现象的本质，将错处归于插秧机，这是不对的。

3. 分蘖节位多，分蘖期长

机插秧比手插秧移栽叶龄小 1.5～2 个叶位，有效分蘖期就延长了 2 个叶位，为 7～10 d，因而分蘖节位增多，如图 3-61 所示，再加上实行宽行浅栽、植株温光条件优越、发根能力强、低节位等有利环境，造就了机插秧分蘖具有暴发性、数量猛增等生育特性。因此，高峰苗容易偏多，使成穗率下降，穗型偏小，这在栽培管理中要加以重视。

(二)返青、分蘖期的需水、需肥特性

1. 需水特性

灌、排水的目的在于调节稻田水分状况，以充分满足水稻生理和生态需水的要求。在生产实践中，水浆管理应从全田整体出发，根据天气、秧苗情况灵活采取灌溉、排水等措施，促进秧苗尽早活棵、分蘖。

水稻返青期间，稻田需要保持一定水层，给秧苗创造一个温、湿较为稳定的环境，促进早发新

根、加速返青。但水层不能超过最上面全出叶的叶耳，否则影响生长的恢复。早栽的秧苗，因气温较低，所以应白天灌浅水，夜间灌深水，寒潮来时适当深灌以防寒护苗。返青期遇阴雨应浅水或湿润灌溉。适宜水稻分蘖的田间水分状况是土壤含水高度饱和到有浅水之间，以促进分蘖早生快发。水层过深，分蘖会受到抑制。生产上多采用排水晒田的方法来抑制无效分蘖。

图 3-60　伤秧严重

图 3-61　分蘖节位多，分蘖旺盛

针对机插水稻秧龄短、个体小、生长柔弱的特点，要坚持薄水灌溉、浅水活苗的原则。干生根，湿长苗，只要秧苗根系发育生长良好，那么秧苗返青的时间可以缩短。在灌溉时，要防止长时间深水造成的秧苗根系和秧心缺氧，返青期长。在生产中，由于机插水稻的特点，稻农往往在移栽后重于护苗，疏于促根，大都采取水层护苗的方法，因此出现根系生长差、分蘖发生迟的现象，这点需要特别指出并避免。

2. **需肥特性**

机插水稻走“小群体、壮个体、高积累”的高产栽培路子。由于采用中小苗移栽，移栽后初期的吸肥能力不如手插秧，为此，分蘖肥施用应采取“少吃多餐”的原则进行。机插小苗前期根量小、吸收能力弱，同时大田分蘖起步慢而分蘖期又较长，因而机插水稻基肥应适当减少，分蘖肥用量应适当增加。从近几年试验结果来看，基肥在基蘖肥中的比例以30%～40%为宜、分蘖肥以60%～70%为宜。同时，分蘖肥要等到秧苗生出较多根系时施用，效果才更好，即于移栽后长第二心叶时，开始施用分蘖肥，分次施用，可以使肥效与最适分蘖发生期同步，促进有效分蘖，可确保形成适宜穗数，同时又控制无效分蘖，利于形成大穗，还能提高肥料利用效率。

施肥过早，即移栽后就施分蘖肥，此时处于移栽后的分蘖停滞期，根系弱，不能发挥肥效，施肥反而抑制根系的发育，使分蘖发生期推迟，引起穗数不足；相反，若分蘖肥施用过迟，正值高位分蘖盛发，易导致群体大、成穗率低，尽管穗数较多，但每穗粒数少，也不易高产。因此，中期要掌握苗情，适时排水晒田和控制肥料，抑制无效分蘖，避免因肥料施用过多而导致苗数高、成穗低。

（三）返青至分蘖期的水肥运作

1. **水浆管理**

（1）移栽至返青期

总的来讲，坚持薄水移栽，移栽后注意适当间歇脱水促根，完全活棵立苗后注意采取浅水勤灌促分蘖，如图3-62所示。具体操作为：机插结束后及时灌水护苗，水层深度也应根据栽插秧龄长短有所不同，秧龄短，宜浅；秧龄长，宜视苗体高度适当加深，水层保持在苗高的1/2左右。若遇晴好天气，应灌深水护苗，水层保持在苗高的2/3左右；阴雨天仅需薄水层。移栽后3～4 d进入薄水层管理，切忌长时间深水，造成根系、秧心缺氧发黑，生长缓慢，叶色发黄，形成水僵苗，甚至烂苗。3～4 d后应及时脱水露田2 d左右，使土壤透气增温，促进产生新根下扎和秧苗活棵。如整地质量不好，易出现全田高低差大，低处深水难扎根，高处受旱死苗加重。

图3-62 薄水活苗(返青期)

(2)有效分蘖期

机插秧苗苗体小，活棵时间相对较长，活棵后一旦进入分蘖期，水浆管理就要实行浅水勤灌，如图3-63所示。保持田内水层清新，有利于分蘖节处于较适宜的土壤表层。待自然落干后再上水，达到以水调肥、以气促根、水气协调的目的，有利于促进低位分蘖的发生，取得清新活水促蘖早发的效果。在整个有效分蘖期间，宜保持浅水层或采取湿润灌溉的方法。

图3-63 浅水勤灌(分蘖期)

具体浅水勤灌方法是，除黏土土质或中低肥力稻田外，采用田间灌1次1～3 cm的浅薄水，保持3～5 d，然后让其自然落干，待田面无明水、土壤湿润后再灌1次浅水，如此周而复始，形成地上部与地下部协调、根系与叶蘖生长协调、群体与个体协调的生长环境；黏土地、肥力水平高或施肥量大的田块，采用天晴白天上水、夜间露田的湿润灌溉水浆管理方法，可有效促进分蘖的早生、快发，有利于足穗和大穗的形成。

(3)无效分蘖期

机插水稻单位面积内所插基本苗数比常规栽培苗穴数略多，从群体发展看，活棵分蘖时间略长，一旦始蘖后发苗势强，群体茎蘖增加迅速，高峰苗来势猛，群体高峰苗数控制不当易发过头，因而应该适时早搁田，以控制无效分蘖，提高群体质量。

适宜的搁田时期主要根据田间茎蘖数来确定。“够苗搁田”，是指在田间总茎蘖数达到预期穗数(俗称够苗)时，开始脱水搁田；“时到不等苗”，是指无论田间总茎蘖数多少，只要到了有效分蘖临界叶龄期，就应开始搁田。与常规栽培相比，够苗期、高峰苗期可提前1个叶龄期左右。一般在群体茎蘖数达到预计穗数的70%～90%时，开始自然断水落干搁田，如图3-64所示，并遵循“早搁、轻搁、多次搁”的原则。

图3-64　搁田前(有效叶龄期前1个叶龄)

搁田不宜过重，应采取分次轻搁方法，经3～4次反复后，搁至田边开细缝、田中泥不陷脚、土不发白、叶片挺举、叶色褪淡落黄为止，如图3-65所示。为抑制无效分蘖的发生，应控制基部节间伸长，把高峰苗控制在有效穗数的1.3～1.4倍，从而达到提高根系活力、增强茎秆弹性、提高抗倒抗病能力的目的。

图3-65　搁田后(拔节前)

2. 科学施肥

一般在栽后5～7 d内给小苗施一次返青分蘖肥，每亩施用尿素5～7 kg，在下午3点后施用，田间要有水层，以免氨气烧苗。施肥后保水 5～7 d，同时，做好平水缺，以防雨水淹没秧心。栽后 10～12 d，每亩用尿素 7～9 kg 再施一次肥，以满足机插水稻分蘖的需要；栽后 18 d 左右，视苗情施一次平衡肥，一般每亩施尿素 3～4 kg 或 45%氮磷钾复合肥 9～12 kg。肥料量要确保在有效分蘖叶龄期前 1 叶后能及时褪劲，叶色正常褪淡。对肥足、发苗早又快的田块，施肥时间应推迟一些，以复合肥为主；对田脚差、发苗缓慢的田块，应早施、重施，促进分蘖早生、快发。

3. **防僵苗**

僵苗是机插水稻分蘖期出现的一种不正常的生长状态，主要表现为分蘖生长缓慢、稻丛族立、叶片僵缩、生长停滞、根系生长受阻等。导致僵苗的原因比较复杂，类型繁多，主要有肥僵、水僵和药僵三种类型。造成肥僵、水僵的主要原因是重复追肥、氨气烧苗或秧苗长期处于淹水状态；药僵苗是除草过程中除草药剂品种和用量不当及药后水淹心叶造成的，要针对不同成因，有效防治。

二、拔节、长穗期

（一）拔节、长穗期的生育特性

如图 3-66 所示，在此期间，一方面以茎秆为中心，完成最后几片叶和根系等营养器官的生长，另一方面进行以幼穗分化为中心的生殖器官生长。此时既是保蘖、增穗的重要时期，又是增花、增粒、保花的关键时期，也是为灌浆结实奠定基础的时期。由于各器官生长加快，因此在短短 30 d 内，植株干物质的积累占一生干物质积累的 50%左右。这段时期是水稻需水、需肥较多的时期，也是对外界环境条件最敏感的时期之一。因此，此期的栽培目标是：在前期壮苗、壮蘖的基础上，促进壮秆强根、大穗足粒，防止徒长和倒伏，并为后期灌浆结实创造良好的条件。

图 3-66　机插秧拔节、长穗期的长相、长势

（二）拔节、长穗期的需水、需肥特性

1. **需水特性**

拔节、长穗期是水稻一生中需水量最多的时期。特别是在花粉母细胞减数分裂期，对水分

尤为敏感，是需水临界期，加上晒田复水后稻田渗漏量有所增大，因此此时需水量一般占全生育期的 30%～40%。

2. **需肥特性**

水稻长穗期间追施的肥料称为穗肥，穗肥既有利于巩固穗数，又有利于攻取大穗，但要防止叶面积过度增长，以形成配置良好的冠层结构。追施穗肥既可扩"库"，形成较多的总颖花数，又能强"源"畅"流"，形成较高的粒叶比，以提高结实率和千粒重。

按照施用时间和作用，穗肥可分为促花肥和保花肥。促花肥是促使枝梗和颖花分化的肥料；保花肥是防止颖花退化、增加每穗粒数的肥料，同时对防止水稻后期早衰、提高结实率和增加粒重也有很好的效果。有效控制高峰苗过后，应视苗情及早施用好穗肥，以促进壮秆大穗的形成，可优化中期的生育，优化群体结构。

（三）拔节、长穗期的水肥管理

1. **合理灌溉**

晒田控苗后可实行间歇灌溉，保持田面湿润。长穗期要有适当水层护苗，严防脱水，淹水深度不宜超过 10 cm，维持深水层的时间也不宜过长。

2. **施好穗肥**

一般在穗分化始期，即叶龄余数 3.5～3.1 叶左右施用促花肥。具体施用时间及用量要视苗情而定，若叶色正常褪淡，可每亩施尿素 10～12 kg；若叶色较深、不褪淡，可推迟并减少施肥量，也可不施；若叶色较淡，可提前 3～5 d 施用促花肥，并适当增加用量。保花肥一般在出穗前 18～20 d，即叶龄余数 1.5～1 叶时施用，具体施用期应通过剥查 10 个以上单茎的叶龄余数确定。当 50%的有效茎蘖叶龄余数不超过 1.2 叶时，为追施保花肥的适期。用量一般为每亩施尿素 4～6 kg，对叶色浅、群体生长量小的可多施，但每亩不宜超过 10 kg；相反，则少施或不施。穗肥追施叶龄期与产量的关系如图 3-67 所示。

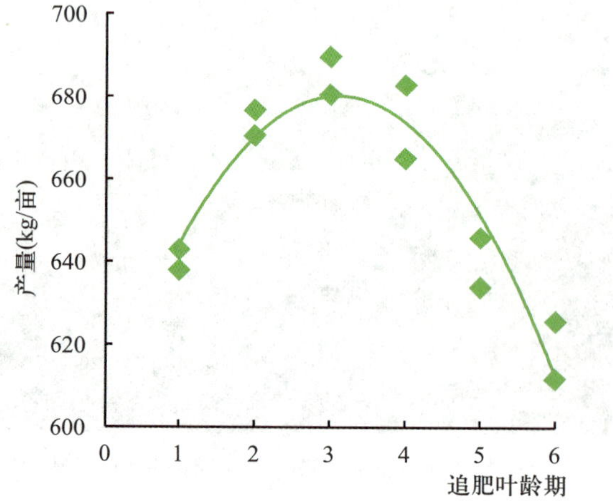

图 3-67　穗肥追施叶龄期与产量的关系

三、灌浆结实期

(一)灌浆结实期的生育特性

此期间的稻株生殖生长处于主导地位,生长中心由穗分化转为籽粒的发育;生理代谢以碳代谢为主,叶片制造的糖类,抽穗前贮藏在茎秆、叶鞘里的养分等光合产物均向籽粒输送,是决定结实率和粒重的关键时期。栽培目标是:养根护叶,防止早衰,增强稻株光合能力,提高结实率和粒重,主攻方向是保穗、攻粒、增重。高产水稻要求绿叶数在开花后 20 d 内,每个有效分蘖仍能保持 3～4 片绿叶。机插水稻灌浆结实期的长相、长势如图 3-68 所示。

图 3-68　机插水稻灌浆结实期的长相、长势

(二)灌浆结实期的需水、需肥特性

1. 需水特性

如图 3-69 所示,抽穗、开花期植株对稻田缺水的敏感程度仅次于孕穗期,受旱时,重则抽穗、开花困难,轻则影响花粉和柱头的活力,空秕率增加。当开花受精完成,水稻进入灌浆结实期,该时期既要保证水分供应,又不能长期淹水。若土壤缺水,不仅不利于籽粒灌浆结实,而且还影响灌浆速度和米质;若长期淹水,则根系活力差,叶片早衰,秕粒增加。故应采用间歇灌溉、干干湿湿、保持土壤湿润为主的水分管理方法,满足生理需水,又维持土壤沉实不回软,增强土壤根部通气,维护根系健康,延缓活力下降,防止青枯早衰,达到以水调气、养根保叶、干湿壮籽的目的。

2. 需肥特性

水稻抽穗前后追施的肥料称为粒肥。粒肥的作用在于增加上部叶片的氮素浓度,提高籽粒蛋白质含量,延缓叶片衰老,提高根系活力,从而增加灌浆物质,提高粒重。

齐穗后追施粒肥,苗不黄不施,多雨寡照、有病害的不施;用量不宜多,可以采用根外追肥。抽穗后还要注意纹枯病、稻瘟病、稻纵卷叶螟、稻飞虱等的防治。

图 3-69　机插水稻抽穗、开花(灌浆结实期)

(三)灌浆结实期的水肥管理

1. 水浆管理

自抽穗至其后的 20～25 d,稻株需水量较大,应以保持浅水层为主,即灌一次浅水后,在自然落干至脚印塘尚有水时再上浅水层。乳熟期,采取间隙灌溉,维持田间湿润即可,但不宜断水。蜡熟期,可采用“跑马水”的方式进行灌溉,使稻田处于渍水与落水相交替的状态,且落干期应逐渐加长,灌水量逐渐减少,直到收获前一周方可断水,确保籽粒充分灌浆结实,既可提高单产,又可改善品质。

生产上一定要防止断水过早、未成熟即提早割青。

2. 巧施粒肥

施用粒肥应掌握“因苗施用”的原则,水稻抽穗后一般不需再施肥,如叶色明显落黄,可用1%尿素与 0.2%磷酸二氢钾混合溶液进行叶面喷施 1～2 次,既补充肥料,又避免贪青迟熟,从而达到增加粒重的目的。

四、全生育期精确灌溉、施肥技术

(一)精确灌溉技术

以往研究表明,各生育期对土壤水分反应的敏感顺序为:分蘖盛期>生殖细胞形成期>枝梗分化期>分蘖末期>花粉形成期,结实前期>结实后期,即在机插水稻一生中,对水分胁迫最敏感的时期为分蘖盛期和减数分裂期前后。研究表明,除了这两个敏感期外,分蘖末期、孕穗期、抽穗期和灌浆结实期均以土壤水势为－15 kPa 的产量最高。说明高产机插水稻并非要长时间地进行水层灌溉,全生育期进行干湿交替灌溉更有利于产量形成。

依据试验和各地大面积的实践,将高产机插水稻全生育期精确灌溉模式制成图 3-70。

具体措施为薄水移栽。栽后注意适当间歇脱水促根,完全活棵立苗后采取浅水勤灌措施促分蘖。当群体总茎蘖数达到预期穗数的 80%时开始自然断水搁田,多次轻搁,可有效控制无效分蘖发生,提高茎蘖成穗率,切忌一次重搁。拔节后采取浅湿交替灌溉,即每次上 3 cm 左

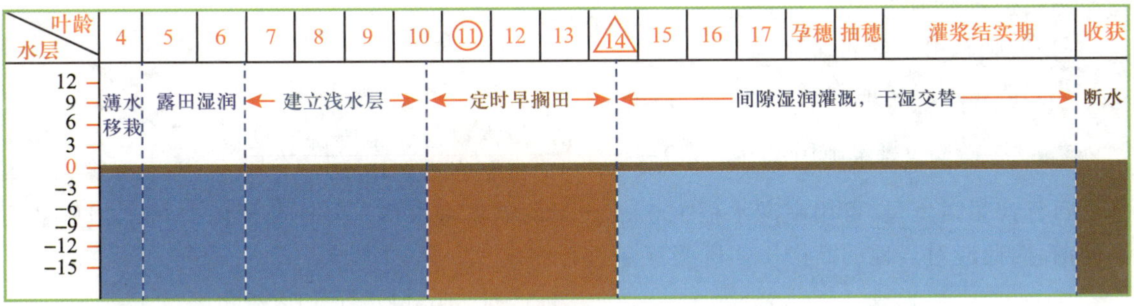

图 3-70 机插秧高产精确灌溉模式

右的水层，让其自然落干至丰产沟底无水层时复灌，周而复始，直至成熟前一周。如此灌溉，既能满足机插水稻生态、生理需求，有利于中期形成壮秆大穗，后期养根保叶，又能显著节水。

（二）精确施肥技术

肥料的大量使用，在稳定提高稻谷产量、确保国家粮食安全的同时，也带来了资源利用效率低下，水体、大气环境污染，以及稻谷品质下降等负面效应。高产与高效协调、高产与优质协调，已成为当前稻作理论研究的主要科学问题。精确计算肥料用量、节省用肥、合理运筹施肥，是实现水稻生产“高产、优质、高效、生态、安全”综合目标的关键。

水稻精确施肥技术，也称测土配方施肥技术，是指综合运用现代农业科技成果，根据土壤供肥性能，作物需肥规律与肥料效应，应用斯坦福方程求算所需氮肥的适宜用量，在以有机肥为基础的条件下，提出氮磷钾肥和微肥的适宜用量和比例，以及相应的施肥技术。核心是调节和解决作物需肥与土壤供肥之间的矛盾，同时有针对性地补充作物所需的营养元素，作物缺什么元素就补充什么元素，需多少补多少，实现各种养分平衡，满足作物的需要，达到提高肥料利用率和减少用量，提高作物产量，改善农产品品质，节省劳力、节支增收的目的。

1. 氮磷钾肥的合理施用比例

水稻对氮、磷、钾三要素的吸收必须平衡协调，才能取得最大肥效和最高产量。高产水稻对氮(N)、磷(P_2O_5)、钾(K_2O)的吸收比例为 1∶0.45∶1.2，这是反映三要素营养平衡协调的生理指标。

（1）氮肥

机插秧基蘖肥∶穗肥为 6∶4 时有利于提高产量，过于前重或后重施氮的处理均不能获得高产。原因是在基蘖肥∶穗肥 6∶4 时，群体发育相对协调，穗数和穗粒数协同增加，不仅产量最高，而且氮素当季利用率最高（在 40%以上），是氮肥运筹最佳模式。基肥在基蘖肥中的比例以 30%～40%、分蘖肥以 60%～70%为宜。穗肥分两次施用，促花肥于倒 3.5 叶期施用，占 70%；保花肥于倒 2 叶期施用，占 30%。

（2）磷肥

磷肥全部作为基肥，一次性施用。

（3）钾肥

钾肥作为基肥和拔节肥，前后各占 50%。

2. 氮肥的精确定量

氮肥的精确定量，要解决氮肥施用总量的确定、基蘖肥和穗肥比例的确定以及根据苗情对穗肥施用进行合理调节三个问题。

(1)氮肥施用总量的确定

氮肥的施用总量应为：

$$氮素施用量(kg/亩)=\frac{(目标产量需氮量-土壤供氮量)}{氮肥当季利用率}$$

目标产量需氮量，可用高产水稻 100 kg 产量的需氮量求得。各地高产田 100 kg 需氮量是不同的，因此应对当地的高产田实际吸氮量进行测定。

$$目标产量需氮量(kg/亩)=\frac{目标产量\times 100\ kg\ 籽粒吸氮量}{100}$$

土壤的供氮量，可用不施氮空白区的稻谷产量(基础产量)及其 100 kg 稻谷的需氮量求得。各地测土配方施肥试验可以为当地的土壤供氮量的确定提供参考。

$$土壤供氮量(kg/亩)=\frac{基础地力产量\times 无氮空白区\ 100\ kg\ 籽粒吸氮量}{100}$$

氮肥当季利用率，应根据正常栽培条件下(氮肥合理运筹)的氮肥利用率确定。

机插稻的三个主要参数与手栽稻的近似：高产粳稻(700 kg 左右)，100 kg 稻谷需氮量约 2.1 kg，氮肥当季利用率在 40%以上，土壤供氮量可根据当地氮肥空白试验结果来确定。

关于氮肥的当季利用率，影响的因素很多，但我们的研究明确，在同一个地点，只要注意氮肥不要过多，在施肥方法上防止逸失，合理调整基蘖肥和穗肥的比例，实行合理的“前氮后移”，就有把握把氮肥的当季利用率提高到 40%～45%，甚至更高，达到节肥、高效、高产的目的。

(2)“前氮后移”的增产原理

实施化肥“前氮后移”，基蘖肥和穗肥的施用比例，由以往的 10∶0～8∶2 调整为 5.5∶4.5(6∶4～5∶5)和 6.5∶3.5(7∶3～6∶4)。它是精确定量施氮的一个极为重要的定量指标，是在由以往迟效的农家肥为主转变为以速效化肥为主的情况下产生的重大施肥改革。其增产原理简述如下：

①基蘖肥。主要为有效分蘖发生提供养分需要，当有效分蘖临界叶龄期够苗后，土壤供氮应减弱，促使群体叶色落黄，有效地控制无效分蘖、叶片伸长，推迟封行，改善拔节至抽穗期群体中下部叶片的受光条件，提高成穗率，地下、地上均衡发育，为长穗期攻取大穗创造良好条件。

如果基蘖肥的氮肥比例过大，到了无效分蘖期叶色不能正常落黄，造成中期的旺长，封行大为提前，中、下部叶片严重荫蔽，高产群体被破坏，将带来成穗率骤降，根、茎发育不良，病害严重等一系列不良后果。基蘖肥氮素吸收利用率低，一般只有 20%左右，施用越多，利用率越低，适当减少基蘖肥施用比例，可以提高氮肥当季利用率。

注意，主茎伸长节间(n)5 个以上、总叶龄(N)14 片以上的品种有效分蘖临界叶龄期：中小苗移栽时为 $N-n$ 叶龄期，8 叶龄以上大苗移栽时为 $N-n+1$ 叶龄期。以 17 叶 6 个伸长节间的品种为例，中小苗移栽时为 $N-n=17-6=11$，即 11 叶龄期；大苗移栽时为 $N-n+1=17-6+1=12$，即 12 叶龄期。

还要注意，到了无效分蘖期至拔节期，群体叶色必须落黄，顶 4 叶叶色要淡于顶 3 叶叶色(顶 4<顶 3)。顶 3 叶是指从顶部伸出叶起往下数第 3 叶，顶 4 叶即往下数第 4 叶。

②穗肥的作用。在中期落黄的基础上施用穗肥，不仅能显著促进大穗的形成，而且可促进

分蘖成穗，保证足穗。穗肥的单位生产效率是最高的，适当提高穗肥施用比例，是夺取高产的关键增产措施。

③“前氮后移”必须有合理的比例。5 个伸长节间的品种，拔节以前的吸氮量只占水稻一生的 30%左右，长穗期占 50%左右，因而穗肥的比例可以提高到 45%左右（40%～50%）。

4 个伸长节间的品种，拔节前吸氮量已达水稻一生的 50%，故穗肥的比例只能提高到 35%左右（30%～40%）。

④“前氮后移”是具有普遍意义的增产技术。各地设置的“前氮后移”与当地习惯施肥对比试验，在相同施氮水平下，均可取得穗数稳定、成穗率高、穗型明显增大的显著增产效果。2006 年，贵州在 4 个地区设置 6∶4 与 8∶2 对比试验 34 对（施氮 12～14 kg/亩），“前氮后移”的产量均较高，增产 13.69%～23.17%。2005—2006 年，江西赣州在双季稻上试验，“前氮后移”（7∶3）的比“一炮轰”（10∶0）的在早、晚季稻上分别增产 14.05%和 16.62%。

⑤施有机基肥时，氮肥前后比例的调整。扬州大学农学院定位试验结果，在麦秸秆全量还田时，应将氮肥 5.5∶4.5 的比例调整为 7∶3，以增加基肥速效氮，弥补分蘖期秸秆腐烂和稻苗争氮。秸秆分解后释放氮，主要供穗肥之用。

（3）合理施氮技术

①基蘖肥的施用。

基蘖肥的比例。常规水稻基肥一般应占基蘖肥总量的 70%～80%，分蘖肥占 20%～30%，以减少氮素损失。机栽小苗移栽后吸肥能力低，基肥以占基蘖肥总量的 20%～30%为宜，70%～80%集中在新根发生后做分蘖肥用。

施用时间。基肥在整地时施入土中，部分作为面肥。分蘖肥在秧苗长出新根后及早施用，一般在移栽后 1 个叶龄施用；小苗机插的在移栽后第 2、第 3 叶龄时分 1 或 2 次集中施用。分蘖肥一般只施用 1 次，切忌在分蘖中后期施肥，以免导致无效分蘖期旺长，群体不能正常落黄。如遇分蘖后期群体不足，宁可通过穗肥补救，也不能在分蘖后期补肥。

②穗肥精确施用与调节。

群体苗情正常。有效分蘖临界叶龄期（$N-n$ 或 $N-n+1$）够苗后叶色开始褪淡落黄，顶 4 叶叶色淡于顶 3 叶叶色，可按原设计的穗肥总量，分促花肥（倒 4 叶露尖）、保花肥（倒 2 叶露尖）2 次施用。促花肥占穗肥总量的 60%～70%，保花肥占 30%～40%。

4 个伸长节间的品种，穗肥以倒 3 叶露尖 1 次施用为宜。

施用穗肥，田间不宜保持水层，以湿润或浅水为好，施后第 2 天，肥料即被土壤吸收，再灌浅水层，有利于提高肥效。

群体不足，或叶色落黄较早。在 $N-n$ 叶龄期（4 个节间品种 $N-n+1$）不够苗，或群体落黄较早，出现在 $N-n$ 叶龄期（或 $N-n+1$ 叶龄期）。在此情况下，5 个伸长节间的品种应提早在倒 5 叶露尖开始施穗肥，并于倒 4 叶、倒 2 叶分 3 次施用。氮肥数量比原计划增加 10%左右，3 次的比例为 3∶4∶3。

4 个伸长节间的品种遇此情况，可提前在倒 4 叶施用穗肥、倒 2 叶施保花肥。施穗肥总量可增加 5%～10%，促花肥、保花肥的比例以 7∶3 为宜。

群体过大，叶色过深。如 $N-n$ 叶龄期以后，顶 4＞顶 3，穗肥一定要推迟到群体叶色落黄后才能施用，只施 1 次，数量要减少。

第四章　机插水稻病虫害防控技术

第一节　机插水稻主要病虫害的发生与识别

一、水稻主要病害的发生与识别

(一)种传病害

1. 水稻恶苗病

(1)症状识别

如图 4-1 所示，水稻恶苗病是一种典型的种传病害，从苗期至抽穗期均可发生。一般在秧苗期、分蘖期、拔节孕穗期出现三个发病高峰，病苗徒长，淡黄细高，明显高于健苗 1/3 左右，拔节后节上长出许多“倒生须根”。在秧田开始出现病苗，大田前期(分蘖至拔节期)能造成死苗，重病田大量死苗，在茎秆叶鞘上产生粉红色霉状物，即病菌的分生孢子，个别特重田块甚至全田毁苗；大田中后期有时还会出现少量死苗，基部常有淡红色粉状物生小黑点，即病菌的子囊壳。轻病株虽能抽穗，但穗小粒少，或成白穗，谷粒受害重的变褐色、不饱满，在颖壳上产生霉层。

图 4-1　水稻恶苗病

(2)病原识别

恶苗病病原物有性态为藤仓赤霉菌，属子囊菌亚门赤霉属；无性态为串珠镰孢菌，属半知菌亚门镰孢属。病菌耐干燥，菌丝体在干燥病稻草内能存活 3 年，分生孢子在干燥病稻草上可存活 2 年以上。病菌不耐潮湿，菌丝体在潮湿土面或土中，短期内会死亡。

(3)侵染循环

病菌主要以分生孢子附着在种子表面及菌丝体潜伏于种子或病稻草上越冬。带菌种子在浸种过程中污染无病种子，病菌在种子萌发过程中侵入芽鞘，引起发病以后，病株表面产生分生孢子，借气流传播进行再次侵染。在水稻开花时，分生孢子落到花蕊上，萌发侵入，使种子带菌。带菌种子是本病发生的最主要初侵染源。伤口有利于病菌侵入，水稻品种间感病性差异较大。

2. 水稻干尖线虫病

(1)症状识别

如图 4-2 所示，水稻干尖线虫病是一种典型的种传线虫病害，主要为害叶片和稻穗，幼苗 4～5 叶时出现干尖。孕穗期后表现最明显，多在剑叶或其以下 2～3 叶叶尖 1～8 cm 处，呈淡黄色或黄褐色的半透明状，以后扭曲成灰白色干尖，病健交界处有 1 条褐色界纹。病株一般能正常抽穗，但生长衰弱、矮小，上部叶片短窄，穗短、粒少，秕谷多，千粒重下降。有的病株不显症，但稻穗带有线虫，重病田块甚至会形成大量的“小穗头”。

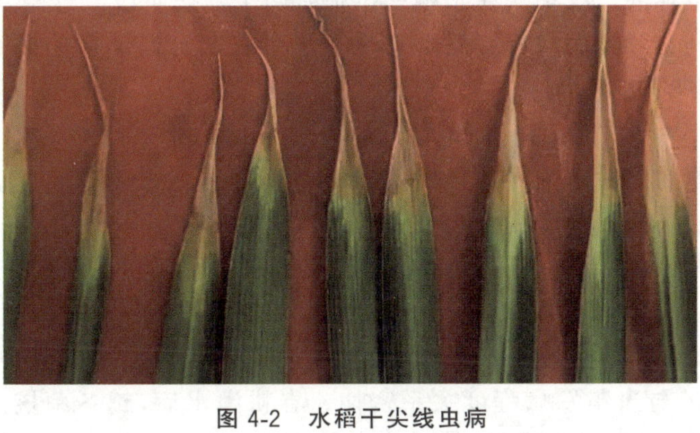

图 4-2 水稻干尖线虫病

(2)病原识别

水稻干尖线虫病病原物为贝西滑刃线虫(*Aphelenchoides besseyi*)，滑刃目滑刃线虫。

(3)侵染循环

该病的发生程度与水稻品种有较大关系，主要靠种子带线虫传播。秧田或大田期田间一旦发病，将无药可治。防治方法主要通过种子处理来解决。

(二)真菌性病害

1. 水稻纹枯病

(1)为害状识别

如图 4-3 所示，叶鞘发病，先在近水面处出现水渍状暗绿色小点，病斑逐渐扩大，呈椭圆形或云形状，条件适宜时，病斑边缘为暗绿色，中央为灰褐色，扩展速度快。天气干燥时，边缘为褐色，中央为草黄色至灰白色。发病叶鞘因组织坏死，可致使叶片枯黄。叶片病斑与叶鞘病斑相似。叶片发病严重时，可导致稻株不能正常抽穗，甚至蔓延至穗部造成瘪谷增加，粒重下降，并可造成倒伏或整株枯死。湿度大时，病部长有白色至灰白色蛛丝状菌丝及扁球形或不规则的暗褐色菌核，菌丝与菌核相连。后期在病部还可见白粉状霉层，即病菌的担子和担孢子。

图 4-3　水稻纹枯病

(2)为害特点

水稻纹枯病从秧苗期至穗期均可发生，以抽穗期前后为盛期，主要为害叶鞘、叶片，严重时可侵入茎秆并蔓延至穗部。纹枯病在水稻一生中有两个发病阶段。分蘖盛期至孕穗期为水平扩展期，在株穴间横向扩展，病穴率、病株率增加；孕穗末期至蜡熟期为垂直扩展期，由稻株下部向上部蔓延，病情严重度增加。

(3)病原识别

水稻纹枯病病原物无性态为立枯丝核菌，属半知菌亚门丝核属；有性态为瓜亡革菌，属担子菌亚门亡革菌属。病菌发育温度为 10～36 ℃，适温为 28～32 ℃。菌核萌发需 96%以上的相对湿度，低于 85%则受抑制。光照对菌丝生长有抑制作用，但可促进菌核的形成。

(4)侵染循环

病菌主要以菌核在土壤中越冬，也能以菌丝体或菌核在病稻草或其他病残体上越冬。上年田间遗留菌核数量与当年发病程度关系密切。春耕灌水后，越冬菌核浮起，插秧后随水漂浮，附着于稻株基部叶鞘上，在适温下萌发，长出菌丝，由叶鞘表面延伸入内侧，形成附着胞，而后通过气孔或直接穿破表皮侵入。侵入后在稻株内不断扩展，并向外长出气生菌丝，蔓延到附近叶片、叶鞘或邻近稻株，进行再侵染。所生菌丝也可通过水流、昆虫或农事活动传播，进行再侵染。水稻生长后期，病部表面形成菌核，随稻株成熟收割，脱落于田间越冬。病部形成的菌核脱落后，也可随水漂浮附着于稻株基部，萌发后引起再侵染。

2. 水稻稻瘟病

(1)为害状识别

在水稻整个生育期中都能发生，为害秧苗、叶片、穗颈和节等，分别称为苗瘟、叶瘟、穗颈瘟和节瘟。

①苗瘟、叶瘟(图 4-4)。症状比较相似，主要分为以下 4 种类型。

慢性型：病斑呈菱形或纺锤形，周围呈褐色，中间为灰白色，大小不一，大的可达 3～4 cm 长。这种病斑多，常常说明天气条件不利于发病，在潮湿环境下病部产生了灰绿色的霉层。

急性型：病斑多呈椭圆形或不规则形、暗绿色、水渍状，病部布满灰绿色的霉层。这种病斑出现率高，说明叶瘟有流行的趋势。

褐点型：病斑较少，为针头状小褐点，这种病斑多在抗病品种和植株下部老叶上出现。

白斑型：病斑为白色、近圆形小斑点。多在显症期阴晴急转、天气干旱晴热时出现，很不稳定，病斑出现后如条件不适，可转化为慢性型病斑，如遇适宜条件，则转化为急性型病斑。

图 4-4　叶瘟

②叶枕瘟（图 4-5）。是叶枕部叶舌、叶耳、叶环发病的总称，病部初呈污绿色，扩展后呈灰褐色，常引起叶片早枯或穗颈瘟发生。

图 4-5　叶枕瘟

③节瘟（图 4-6）。多发生于穗部以下的 1～2 节。病斑初为褐色小点，以后呈环状，扩展至整个节部，黑褐色。湿度大时，病部会产生大量灰色霉层。后期病节干缩、凹陷，易折断，导致病节以上早枯。

图 4-6　节瘟

④穗颈瘟(图 4-7)。发生于主穗梗至第一分枝的穗颈部。病部初为水渍状的褐色小点，以后逐渐扩展，呈褐色或墨绿色，后病部中央枯白，易折断。穗轴、枝梗也可发病。病部都可产生灰色霉层。发病早的多形成白穗、花白穗，发病迟的瘪粒增加，粒重下降，影响米质。此外，病菌还可侵染谷粒、护颖等。

图 4-7　穗颈瘟

(2)病原识别

稻瘟病病原菌属半知菌亚门梨孢属，有性态为子囊菌亚门，无性态为半知菌亚门梨孢属。菌丝萌发温度为 15～32 ℃，最适温度为 25～28 ℃。萌发时要求相对湿度在 90%以上，最好有水滴或水膜存在。

(3)侵染循环

病菌主要在病谷、病稻草上越冬，成为次年春天初侵染源。分生孢子可存活半年到 1 年，病组织内的菌丝可存活 1 年以上。谷粒中的越冬病菌在浸种催芽时侵入胚芽，引起初次侵染，幼苗坏死、腐烂。病稻草上的越冬病菌，于 5 月下旬至 6 月上旬开始产生分生孢子，随气流飞散，附着于秧苗，遇适宜条件可引起初次侵染。在潮湿环境下，初侵染形成的病部产生分生孢子，借气流传播至健株，引起频繁再侵染。病菌侵入的适温范围为 20～32 ℃，最适温度为 24 ℃，低于 13 ℃或超过 35 ℃病菌均不能侵入。感病品种种植面积大，容易发病。气候条件对病菌的侵染和稻株的抗病力，会产生直接影响。苗瘟、叶瘟发生在水稻 3～5 叶期和分蘖期，一般温度在 17～32 ℃，特别是 24～28 ℃、相对湿度达 90%时，出现的多雾、多露或阴雨潮湿天气，如梅雨季节，这种类型天气较多，容易发生苗瘟、叶瘟。单、后季稻破口抽穗期如出现明显降温，水稻抗逆力下降，如降雨天气多，或多雾、多露天气多，有利于穗颈瘟发生。栽培肥水管理显著影响稻瘟病的发生程度，偏施氮肥或过迟施用穗肥，会造成稻株旺长、后期恋青、延迟抽穗，这些都会加重叶瘟和穗颈瘟的发生程度。

3. 稻曲病

(1)为害状识别

稻曲病在水稻开花后至乳熟期发生，病菌侵入谷粒后，形成膨大的孢子座包裹全粒，呈黄绿色至绿色，最后表面发生龟裂，布满墨绿色粉末，即病菌的厚垣孢子。有些病粒孢子座内可形成菌核，在厚垣孢子散落时出现于病粒表面，成熟后脱落。

稻曲病(图 4-8)发生后不仅影响水稻产量，降低结实率和千粒重，而且病菌含有对人畜有害的毒素，其附着在谷粒上污染稻谷，严重影响其品质。

图 4-8　稻曲病

(2)病原识别

病原物无性态为稻绿核菌,属半知菌亚门绿核菌属;有性态为稻麦角菌,属子囊菌门麦角菌属。病菌除侵染水稻外,还可侵染玉米、药用野稻等植物。菌丝生长最适温度为 28～30 ℃,低于 13 ℃或高于 35 ℃,生长速度明显减缓。菌核萌发产生子实体的最适温度为 26～28 ℃。

(3)侵染循环

病原菌以厚垣孢子或菌核在土壤中或附着于种子上越冬,于来年夏秋之间,产生分生孢子与子囊孢子,借气流传播,侵害花器和幼颖,为主要的初侵染源。厚垣孢子所产生的分生孢子在再侵染中起重要作用。病害症状一般在抽穗后 10～12 d 始见,20～25 d 为发病高峰,30～35 d 基本稳定。

(三)细菌性病害

1. 水稻白叶枯病

(1)症状识别

水稻白叶枯病(图 4-9)多在分蘖期后发生,主要为害叶片。其症状因水稻品种、发病时期及侵染部位不同而异。通常分 4 种类型,即普通型、急性型、凋萎型、黄叶型。普通型,先在叶尖或叶缘产生黄绿色或暗绿色斑点,然后沿叶缘或中脉上下扩展,形成条斑,病组织枯死后呈灰白色,此为最常见的叶枯型症状。在多肥、植株嫩绿、天气阴雨闷热及品种极易感病的情况下,发病后全叶迅速失水卷曲,呈暗绿色,似开水烫伤的青枯状,为急性型症状,此类症状出现,表示病害正在急剧发展。在南方稻区,一些感病品种在菌量大或根茎部受伤的情况下可出现凋萎型症状。高湿时,各种症状的病部表面常会溢出露珠状的黄色脓胶团(称菌脓),干燥后结成鱼子状小胶粒,易脱落。

图 4-9　水稻白叶枯病

（2）为害状识别

带菌种子、带病稻草和残留田间的病株稻桩是主要初侵染源。李氏禾等田边杂草也能传病。细菌在种子内越冬，播后由叶片水孔、伤口侵入，形成中心病株，病株上分泌带菌的黄色菌脓，借风雨、露水、灌水、昆虫、人为等因素传播。病菌借灌溉水、风雨传播距离较远，低洼积水、雨涝以及漫灌可引起连片发病。在晨露未干时进行病田操作，可造成带菌扩散。高温高湿、多露、台风、暴雨是病害流行条件，稻田长期积水、氮肥过多、生长过旺、土壤酸性都有利于病害发生。水稻在幼穗分化期和孕穗期易感病。

2. 水稻细菌性条斑病

（1）症状识别

如图 4-10 所示，水稻细菌性条斑病主要为害水稻叶片。病斑初期为暗绿色、半透明的小斑点，后沿叶脉扩展形成暗绿色或黄褐色纤细条斑，对光观察呈油渍状、半透明，严重时病斑联合，以致全叶枯黄。湿度大时病斑上出现露珠状黄色菌脓，排列成行。从苗期到抽穗期均可发生，以分蘖末期到抽穗前期发病为多。籼稻通常易感病，多数粳稻的抗性都较强。

图 4-10　水稻细菌性条斑病

（2）为害状识别

在长江流域，病菌多在种子和病草上越冬，成为来年的初侵染源。病菌通过稻叶气孔及伤口入侵，可经雨水、浇灌水、昆虫及农事操作等进行近距离的蔓延，也可通过叶片间接触传播。病叶表面的菌脓是田间再侵染源。水稻生长期间的暴风雨为田间扩散、蔓延的主要原因。发病适温为 25～30 ℃，在温度适宜条件下，雨量越多，田间湿度越大，发病越早而重。

3. 水稻细菌性基腐病

（1）症状识别

如图 4-11 所示，水稻细菌性基腐病常在近土表茎基部叶鞘上产生水浸状椭圆形斑，渐扩展为边缘褐色、中间枯白的不规则形大斑，剥去叶鞘可见根节部变黑褐色，有时可见深褐色纵条，根节腐烂，伴有恶臭，植株心叶青枯变黄。水稻分蘖期发病，病株先表现为心叶青卷，随后逐渐枯黄，外观似螟虫为害导致的枯心苗。暴雨或淹水田块往往突然暴发，造成全田发病、大量死苗。圆秆拔节期病株叶片自下而上逐渐变黄，叶鞘近水面处出现边缘褐色、中间青灰色的长条形病斑。孕穗期以后发病，常表现为急性青枯死苗现象，病株先失水青枯，形成枯孕穗、半枯穗和枯穗，有的病株基部以上 2～3 个茎节也同时变成黑褐色，并生有少量倒生根。

图 4-11 水稻细菌性基腐病

(2)为害状识别

细菌可在病稻草、病稻桩和杂草上越冬。病菌从叶片上水孔、伤口及叶鞘和根系伤口侵入,以根部或茎基部伤口侵入为主。侵入后在根基的气孔中系统感染,在整个生育期重复侵染。早稻在移栽后开始出现症状,抽穗期进入发病高峰。晚稻秧田即可发病,孕穗期进入发病高峰。轮作、直播或小苗移栽稻发病轻。偏施或迟施氮肥,稻苗嫩弱发病重。分蘖末期不脱水或烤田过度易发病。地势低,黏重土壤通气性差、发病重。一般晚稻发病重于早稻。

(四)水稻病毒病

1. 水稻条纹叶枯病

(1)为害状识别

水稻苗期、分蘖至拔节期、孕穗期都可受灰飞虱传毒为害、发病显症,最感病生育期在苗期至分蘖期。水稻条纹叶枯病(图 4-12)早期发病株先是在心叶(苗期)出现与叶脉平行的不规则褪绿条斑或黄白色条纹,以后合并成大片,病叶一半或大半变成黄白色,其后新生的心叶逐渐发黄、卷曲,成纸捻状弯曲下垂的"假枯心"。部分粳稻病株在发病中后期有老叶发红的现象。苗期显症发病,常常导致枯死;分蘖期发病,病株分蘖常减少,重病株多数整株死亡;穗期发病,病穗畸形、不实。

图 4-12 水稻条纹叶枯病

（2）病原识别

水稻条纹叶枯病的病原物为水稻条纹病毒（Rice Stripe Virus，RSV），属纤细病毒属。病毒粒体为环状或丝状，病毒核酸为 4 条 RNA 单链，可形成分枝的丝状或杆状超级结构。病毒主要由灰飞虱传播。灰飞虱在病株上一般需吸食 30 min 后才能获毒（少数个体只需 3～10 min），获毒后要经过一段循回期才能传毒。循回期 4～23 d，平均 8.3 d。循回期后可传毒 40 d，病毒可经卵传递，到第四十代仍有较高的传毒率。

（3）侵染循环

条纹叶枯病病毒主要在灰飞虱若虫体内越冬，部分在大麦、小麦、杂草、病株内越冬，为来年发病的初侵染源。3 月下旬至 4 月中旬，越冬灰飞虱若虫羽化后迁入麦田，在麦田和禾本科杂草上产卵繁殖，部分侵入附近秧田为害。5 月下旬至 6 月上旬，一代成虫羽化后，随麦子成熟和收割，大量迁入秧田和早播直播稻大田为害和传播病毒。10～15 d 后在秧田、早栽中晚稻大田及早播直播稻田出现第一次显症高峰。以后随灰飞虱成虫羽化和世代交替，出现第二、第三次传毒高峰和显症高峰。10 月上中旬，第六代灰飞虱若虫孵化，水稻成熟后带毒灰飞虱若虫迁入田边禾本科杂草和麦田中为害并越冬。

2. 水稻黑条矮缩病

（1）为害状识别

病株矮缩，叶色浓绿、僵硬，叶背、叶鞘和茎秆由于韧皮部细胞增生，表面沿叶脉有早期为蜡白色、后期为黑褐色的短条状不规则突起，这是水稻黑条矮缩病（图 4-13）的主要特点。病株分蘖增多，但幼苗发病早的无此现象。稻株发病早的明显矮缩，不能抽穗；发病迟的穗小而结实不良。在病株的增生组织细胞中有圆形的内含体，直径为 6.5 μm。

图 4-13　水稻黑条矮缩病

大多在抽穗前后开始发病，早的在水稻分蘖盛期前后发病。发病早的，病株矮化，叶片变黄。变黄多在病株中部叶片（在抽出叶以下，以第 3 叶为中心的上下 2～3 叶）。从叶片的中部直到叶尖黄色较明显，然而叶尖变褐；有时叶片变橙色，往往夹杂褐色的坏死斑。上部症状轻微的病叶，虽有褪色的小斑，但一般新抽出叶及其下一叶都正常不变色。在抽穗前后较迟发病时，只有明显矮化。剑叶及其下一叶的上位叶，叶色正常，只是易提早变黄。变黄的病株矮化，也有的在变黄症状出现后才矮化。病株一般从剑叶下第 4～5 叶位起的节间、叶鞘和叶片长度缩短。还有的叶片稍窄并扭曲，穗轴变赤褐色，颖壳生褐色条斑等，抽穗期和健株大体相同或稍迟，病株很少枯死，但与普通矮缩病并发时也有可能枯死。抽穗前后发病的比健株矮 12%～30%；杂质变多，未成熟米、畸形米增多，且光泽差，米的外观、食味、香味和硬度等变劣。

根系不发达，细根数少，稀而刚硬，弹性差，稍变褐，上部根量少，生活力差，提早枯死。由于水分吸收不足，因此在烈日下叶易卷缩。症状的特点是早期发病表现变黄、矮化，后期发病表现矮化。远看田间病株矮化呈团状，叶色变淡呈缺肥状，在其中可见明显变黄叶，施穗肥后由于健株叶色变浓，因此病株黄色显著，这是因为病株吸肥差，肥效难以表现。病田中大多数病丛集中形成团状病窝，也有病丛分散分布。病窝有圆形、椭圆形、条状等，大小不一，分散在田中、田边不定，严重时全田发生，呈凹凸状，也有全田低矮，其中夹杂有少数健株的情况。在团状病窝中心，全丛矮缩，其四周散生部分病株，有全丛矮缩和部分矮缩。团状成丛矮缩的病株易见，分散病株不易发现。病窝有两种类型，即地面为水平状的皿型和中心明显、四周逐渐由矮到高的圆锥形。前者可能是急性型，症状在短期内同时发生；后者可能是慢性型，症状扩展是在较长时间内缓慢进行的。

(2)病原识别

水稻黑条矮缩病的病原物为水稻黑条矮缩病毒(Rice Black-streaked Dwarf Virus, RBSDV)。病株和带毒虫体内的病毒粒体为球状，直径为 80～90 nm；提纯的样品中病毒粒体直径为 60 nm。用微量注射法测定，其稀释终点，病叶汁液为 10^{-4}～10^{-5}，带毒虫提取汁液为 10^{-5}～10^{-6}，病叶汁液的钝化温度为 50～60 ℃，10 min，在 4 ℃下体外存活期为 6 d，在－35 ℃至－30 ℃下经 232 d 仍保持高度侵染性。

(3)侵染循环

水稻黑条矮缩病毒是一种病毒病，传毒介体有灰飞虱、白背飞虱等，以灰飞虱传毒为主。介体一经染毒，终生带毒，但不经卵传毒。病毒主要在大麦、小麦病株上越冬，也可在灰飞虱体内越冬。田间病毒通过小麦—早稻—晚稻的途径完成侵染循环。

灰飞虱不能将病毒经过卵传给后代，只有在病源植物，如矮稻、矮麦上吸食后才能带毒。所以，水稻黑条矮缩病是通过灰飞虱在水稻、麦子上反复转移而进行传播的。灰飞虱在中国上海郊区一年发生五至六代，以第五代和第六代的三龄至四龄若虫越冬。带毒的越冬灰飞虱将晚稻上的病毒传至麦子上，造成矮麦；第二年，第一代灰飞虱从矮麦上获得病毒，5 月中下旬起从麦子迁飞到早稻，造成矮稻；6 月下旬、7 月中下旬，第二代、第三代灰飞虱分别从早稻迁入晚稻秧田和大田，传病为害；以后晚稻上的越冬灰飞虱又将病毒传至麦子上，如此循环反复。

3. 南方水稻黑条矮缩病

(1)为害状识别

南方水稻黑条矮缩病(图 4-14)主要症状表现为：分蘖增加，叶片短阔、僵直，叶色深绿，叶背的叶脉和茎秆上出现初蜡白色、后变褐色的短条瘤状隆起，不抽穗或穗小，结实不良，剑叶或上部叶片可见凹凸的皱褶，一蔸中有 1 根或几根稻株比健株矮 1/3 左右，半全穗。不同生育期染病后的症状略有差异。苗期发病，心叶生长缓慢，叶片短宽、僵直、浓绿，叶脉有不规则蜡白色瘤状突起，后变黑褐色，根短小，植株矮小，不抽穗，常提早枯死；分蘖期发病，新生分蘖先显症，主茎和早期分蘖尚能抽出短小病穗，但病穗缩藏于叶鞘内；拔节期发病，剑叶短阔，穗颈短缩，结实率低，叶背和茎秆上有短条状瘤突。

①典型症状。发病稻株叶色深绿，上部叶的叶面可见凹凸不平的皱折(多见于叶片基部)。病株地上数节节部有倒生须根及高节位分枝。病株茎秆表面有乳白色、大小 1～2 mm 的瘤状突起(手摸有明显粗糙感)，瘤突呈蜡点状，纵向排列成条形，早期乳白色，后期褐黑色。病瘤产

生的节位，因感病时期不同而异，早期感病稻株，病瘤产生在下位节，感病时期越晚，病瘤产生的节位越高。

图 4-14　南方水稻黑条矮缩病

②秧苗期症状。病株颜色深绿，心叶生长缓慢，叶片短小而僵直、浓绿，叶脉有不规则蜡白色瘤状突起，后变黑褐色。叶枕间距缩短，其叶鞘被包裹在下叶鞘里，植株矮小（不及正常株的1/3），后期不能抽穗，常提早枯死。

③分蘖期症状。病株分蘖增多、丛生，上部数片叶的叶枕重叠，心叶破下叶叶鞘而出或从下叶枕口呈螺旋状伸出，叶片短而僵直，叶尖略有扭曲畸形。植株矮小，主茎及早生分蘖尚能抽穗，但穗头难以结实，或包穗，或穗小，似侏儒病。

④抽穗期症状。全株矮缩、丛生，有的能抽穗，但相对抽穗迟而小、实粒少、粒重轻，半包在叶鞘里，剑叶短小僵直。在中上部叶片基部可见纵向皱褶。在茎秆下部节间和节上可见蜡白色或黑褐色隆起的短条脉肿。

（2）病原识别

南方水稻黑条矮缩病病原为南方水稻黑条矮缩病毒（Southern Rice Black-streaked Dwarf Virus，SRBSDV），属于呼肠孤病毒科、斐济毒属病毒。电镜观察显示，SRBSDV 具有和同属的斐济病毒（Fiji Disease Virus，FDV）相似的形态，即病毒粒子呈二十面体的球状结构，直径66～70 nm，无包膜，由双层外壳构成。在二十面体的顶角处有 12 个长和直径约 11 nm 的“A-spike”型突起。内核直径约 55 nm，内核中具有 12 个长约 8 nm、直径约 12 nm 的“B-spike”型突起。SRBSDV 粒子由 10 条双链 dsRNA 组成，根据 SDS-PAGE 凝胶电泳上的迁移率分别命名为 S1～S10。该病毒为害寄主除水稻外，还有玉米、小麦、马唐、看麦娘、稗草等 20 多种粮食作物和杂草。

(3)侵染循环

该病毒主要由白背飞虱传毒。白背飞虱不经卵传毒,获毒时间为 30 s,传毒时间为 15 s。该病毒不能经种传播,植株间也不互相传毒。介体一经染毒,终生带毒,稻株接毒后潜伏期为 14～24 d。病毒初侵染源以外地迁入的带毒白背飞虱为主,冬后带毒寄主,如田间再生苗、杂草等也可成为初侵染源。带(获)毒白背飞虱取食寄主植物即可传毒。

二、水稻主要虫害的发生与识别

(一)水稻苗期害虫

1. 稻蓟马

(1)形态识别

成虫:体长 1～1.3 mm,黑褐色,头近似方形,触角 7 节;翅淡褐色、羽毛状,腹末雌虫锥形,雄虫较圆钝,如图 4-15 所示。

图 4-15　稻蓟马成虫

卵:肾状形,长约 0.26 mm,黄白色。

若虫:共 4 龄,4 龄若虫又称蛹,长 0.8～1.3 mm,淡黄色,触角折向头与胸部背面。

(2)为害状识别

成、若虫以口器锉破叶面,成微细黄白色斑,叶尖两边向内卷折,渐及全叶,卷缩、枯黄。分蘖初期受害重的稻田,苗不长、根不发、无分蘖,甚至成团枯死。晚稻秧田受害更为严重,常成片枯死,状如火烧。穗期成、若虫趋向穗苞,扬花时,转入颖壳内,为害子房,造成空瘪粒。稻蓟马为害状如图 4-16 所示。

(3)发生规律

稻蓟马生活周期短、发生代数多、世代重叠,多数以成虫在麦田、茭白及禾本科杂草等处越冬。成虫,常藏身于卷叶尖或心叶内,早、晚及阴天外出活动,有明显趋嫩绿稻苗产卵习性,卵散产于叶脉间,幼穗形成后则以心叶上产卵为多。初孵幼虫集中在叶耳、叶舌处,更喜欢在幼嫩心叶上为害。7、8 月低温、多雨,有利于发生为害。秧苗期、分蘖期和幼穗分化期,是蓟马的严重为害期,尤其是晚稻秧田和本田初期受害更重。

2. 灰飞虱

(1)形态识别

成虫:有长翅型、短翅型两种,长翅型成虫体长 3.5～4.0 mm;短翅型成虫体长 2.4～

图 4-16　稻蓟马为害状

2.6 mm，头顶四方形，稍突出于复眼前方，额以中部最宽，侧脊弧形。雄虫体黑褐色，雌虫黄褐色。头顶前半两侧脊间、面部和胸部侧板黑褐色。头顶后半、前胸背板、中胸翅基片、额与唇基的脊、触角及足均为淡黄褐色。雄虫中胸背板黑褐色，雌虫中胸背板中域淡黄色，两侧具暗褐色宽条斑。雄虫腹部黑褐色，雌虫腹部背面暗褐色、腹面黄褐色。前翅淡黄褐色、透明，脉与翅面同色，翅斑黑褐色。灰飞虱成虫如图 4-17 所示。

图 4-17　灰飞虱成虫

卵：香蕉形，长约 0.8 mm，宽约 0.2 mm，卵帽底宽大于高，顶端钝圆。卵在产卵痕中露出如念珠状。

若虫：多为 5 龄。长椭圆形，1～2 龄乳黄或橙黄色，胸部中间有 1 条浅色的纵带；3～5 龄乳白或淡黄色，胸部中间的纵带变成乳黄色，两侧显褐色花纹，第三、四腹节背面有“八”字形淡色纹，腹末较钝圆，翅芽明显，落水后足向后斜伸，呈“八”字形。灰飞虱若虫如图 4-18 所示。

图 4-18 灰飞虱若虫

(2)为害状识别

灰飞虱除成、若虫刺吸为害水稻外，还能传播水稻条纹叶枯病(RSV)、黑条萎缩病(RBS-DV)、小麦丛矮病(WRV)、玉米粗缩病(MRDV)，其传毒所造成的损失远大于直接吸食的为害。在灰飞虱发生密度很大的稻丛基部，常见由虫粪蜜露引发的煤污病症状，少数年份甚至可在穗部出现煤黑穗现象。

(3)发生规律

江苏年发生 5～6 代，以若虫在三麦及绿肥田的看麦娘、棒头草等禾本科杂草上越冬。5 月下旬至 6 月上旬羽化为一代成虫，时值三麦成熟，灰飞虱大量迁入中、晚稻秧田和早、中稻大田产卵繁殖为害。

(4)生物学特性

生活习性：灰飞虱能在本地越冬，长翅型成虫既能在小区域内扩散又能远距离迁飞。灰飞虱有趋光、趋绿和趋边行的习性，边行虫口密度远高于田中。稻田成虫可产卵于稗草，稗草上的卵量往往高于水稻 5～11 倍；越冬代雌虫产卵量最高，卵多产于稻株下部叶鞘和叶片基部中脉的两侧组织内。

传毒特性：灰飞虱传毒特性随病毒种类不同而不同。灰飞虱吸食条纹叶枯病株的汁液后即终生带毒，且能随世代繁殖传递，40 个世代后仍具较强传毒能力；灰飞虱成、若虫吸食黑条萎缩病株汁液后，亦具终生带毒能力，毒能在若虫体内越冬，但不能随卵传递给下一代；灰飞虱对玉米粗缩病毒的传毒特性与黑条萎缩病和丛矮病相似，不能经卵传递。带毒灰飞虱传毒均有间歇传毒的特性。带毒灰飞虱受病毒影响，生命力下降、寿命缩短、卵量减少、孵化率下降、死亡率增高。

(二)水稻迁飞性害虫

1. 白背飞虱

(1)形态识别

成虫：长翅型连翅体长 3.8～4.6 mm，短翅型体长 2.5～3.5 mm。头顶长方形，显著突出于复眼前方；额侧脊直，以端部 1/3 处为最宽。雄虫大部分黑褐色，雌虫大部分淡黄褐色。头顶除端部两侧脊间、前胸背板和中胸背板中域外，均为黄白色，前胸背板复眼后方各有一暗褐斑，中胸背板侧区黑褐色，雌虫略浅。头顶端半两侧脊间和颜面，雄虫为黑褐色，雌虫为黄褐色，仅腹背有黑褐斑。前翅淡黄褐色、透明，有时翅端具烟褐晕，翅斑黑褐色。白背飞虱成虫如

图 4-19 所示。

图 4-19 白背飞虱成虫

卵：长 0.8 mm，宽 0.2 mm，新月形。初产时乳白色，后变黄色，并出现红色眼点。卵帽高大于底宽，向端部渐细，在产卵痕中不外露或稍露出尖端。

若虫：共 5 龄，体形近橄榄形，头尾较尖，落水后后足向两侧平伸成"一"字形。

(2)为害状识别

以成虫、若虫群集于稻丛基部吸食茎叶组织汁液，消耗稻株养分。由于白背飞虱的主害期在水稻抽穗之前，所以受害后表现为植株矮小、穗短、穗小、结实率降低。严重受害时植株由橙黄色渐变为酱褐色，直立不塌秆。但少数白背飞虱发生多的年份，受害严重的籼型水稻也会出现枯死、倒伏的"冒穿"现象。后期虫量大时，白背飞虱会在穗部取食，造成颖壳变色、籽粒半瘪，排泄的蜜露诱致煤烟病发生，穗部发黑。

(3)发生规律

江苏常年在 6 月 20 日左右始见迁入，苏南和沿江 6 月 25 日至 6 月底见迁入峰。7 月份能出现 1～3 个迁入峰，一般比褐飞虱早一个峰次。通常初次迁入成虫繁殖的子代即主要为害代(简称主害代)，在迁入成虫数量特大的年份或地区，迁入成虫即能造成明显为害，出现"落地成灾"的现象。在一季中、晚稻田，只有早期迁入的幼虫会羽化为短翅型成虫。常年第五(2)代成虫羽化后多数向外迁出，种群数量陡降。个别年份第五(2)代居留较多，能转化为第六(3)代继续为害。

(4)生物学特性

成虫有趋光性和迁飞性。有长、短两种翅型，各代长翅型比例都在 80%以上，在虫口密度低、雨水多、水稻营养条件较好时，有一定数量的短翅型雌虫出现。短翅型雄虫较少见。卵多产于叶的背面。若虫在稻株基部栖息取食，部位比褐飞虱高，水稻乳熟后常迁移到剑叶主脉上和穗部取食。

2. 褐飞虱

(1)形态识别

成虫：有长、短两种翅型。长翅型成虫连翅体长 3.6～4.8 mm，体色有深、浅两型，深色型体褐色至黑褐色，具有油状光泽，头顶近方型，与前、中胸背板同为褐色，额近长方形，中部略宽，颜面和触角浅暗褐色，前翅黄褐色、透明，翅斑黑褐色。雌成虫体大、色浅，雄成虫体小、色深。浅色型全体褐色，仅胸部腹面及腹部背面较深。短翅型雌虫体长 3～4 mm，腹部肥大，腹端钝圆，前翅伸达腹部5～6节。短翅雄虫体长2.5 mm，前翅多伸达腹部5节；后翅均退化。雄虫阳基侧突蟹钳状，端部呈尖角状向内前方突出；雌虫第一载瓣片内缘基部呈半圆形突起。褐飞虱成虫如图4-20所示。

长翅雌虫　　长翅雄虫　　短翅雌虫　　短翅雄虫

图4-20　褐飞虱成虫

卵：香蕉形，长约1 mm，宽0.22 mm，略弯曲，卵帽高大于底宽，顶端圆弧，稍露出产卵痕。露出部分呈短椭圆形，粗看似小方格，清晰可数。卵产于叶脉和叶片组织内，排列成一条，称为"卵条"。初产时乳白色，渐变淡黄至锈褐色，后期出现红色眼点。

若虫：分5龄，卵圆形，体色也有浅、深两型，3龄以上差异更大，深色型体黄褐色，腹部背面斑纹暗褐色，浅色型体淡黄色，体背面斑纹不明显。褐飞虱若虫如图4-21所示。

图4-21　褐飞虱若虫

(2)为害状识别

以成虫、若虫群集于稻丛基部，直接刺吸茎叶组织汁液，消耗稻株养分，使谷粒不实、空瘪率增加、千粒重下降。刺吸取食时分泌的凝固性唾液阻碍稻株养分与水分输导，虫量大、受害重时引起稻株下部变黑、腐烂发臭、瘫痪倒伏，俗称"冒穿""透天"，导致严重减产或绝收。除直接为害外，还能传播丛矮病和矮缩病病毒，取食、产卵造成伤口有利于纹枯病和小球菌核病侵染为害；排泄的蜜露，易诱导煤烟病滋生。褐飞虱为害状如图4-22所示。

(3)发生规律

褐飞虱为喜温性害虫，在江苏不能越冬。江苏每年初来虫源均由南方(主要是南岭地带及其以南)随暖湿气流长距离迁飞而来。大发生年份呈明显的双峰型迁入。褐飞虱在江苏等地和沿江稻区能完成3个世代。初次迁入的长翅型成虫为第四(1)代，产卵繁殖的子代为第五(2)代，条件适宜时第五(2)代羽化的短翅型成虫较多，再繁殖的第六(3)代是主害代。从迁入代→繁殖代→主害代，呈隔代暴发现象。淮北及江淮中稻区第六(3)代羽化的成虫绝大多数为

图 4-22　褐飞虱为害状

长翅型，向外迁出。各世代成虫翅型具明显的长、短、长交替现象。南部晚稻区第六(3)代成虫部分居留，繁殖第七(4)代继续为害，暖秋年份第七(4)代发生较多。

(4)生物学特性

褐飞虱具长、短两种翅型。在虫口拥挤度较小、水稻体内含氮量高、光湿条件适宜时，多产生短翅型成虫。短翅型成虫产卵前期短、寿命长、产卵量高、不善飞，属居留型。短翅型成虫增多，预示种群即将大量增殖。长翅成虫有趋光性，飞翔力强，为扩散迁飞型，有季节性远距离迁飞的习性。卵产在叶鞘中肋或稻叶近基部正面中脉组织中，条状。初孵若虫多集中在距水面 3 cm 左右的稻秆上活动取食。随着虫量的增加、虫龄增大，取食活动部位逐渐上升，甚至爬到稻株顶部。褐飞虱天敌种类很多，其中有明显抑制作用的有寄生于卵的稻缨小蜂，吸食卵液的黑肩绿盲蝽，寄生于若虫和成虫的有螯蜂、头蝇、线虫和白僵菌等，捕食性天敌主要有蜘蛛、隐翅虫类等。

3. 稻纵卷叶螟

(1)形态识别

成虫：体长 7～9 mm。翅展 12～18 mm。黄褐色，前、后翅外缘有黑褐色宽边，前翅前缘暗褐色，有 3 条黑褐色横线，中横线短，不伸达后缘，后翅有黑褐色横线 2 条。雄蛾体较小，前翅前缘中央有 1 黑色毛簇组成的眼状纹，前足跗节基部生有 1 丛黑毛，停息时，尾部常向上翘起。雌蛾体较大，停息时尾部平直。稻纵卷叶螟成虫如图 4-23 所示。

图 4-23　稻纵卷叶螟成虫

卵：近圆形。长约 1 mm，宽 0.5 mm。扁平，中央稍隆起，卵壳表面有网状纹。初产时乳白色，孵化前为淡黄色。被寄生的卵呈黑褐色。

幼虫：成熟幼虫体长 14～19 mm，一般有 5 龄，少数 6 龄。体色由淡黄绿色到黄绿色，将老熟时变为橘红色。1 龄头部黑色，体细，长 1～2 mm。2 龄以后，头部由黄褐色到褐色，前胸背板上褐色纹和中、后胸背面的毛片渐渐清晰可见。到 4 龄时，前胸背板褐色纹和中、后胸背面的毛片周围的黑色纹色最深。稻纵卷叶螟幼虫如图 4-24 所示。

图 4-24　稻纵卷叶螟幼虫

蛹：体长 7～10 mm，长圆筒形，末端较尖细，臀棘明显突出有 8 根钩刺，各腹节背面的后缘隆起。初为淡黄色，后变成红棕色至褐色。稻纵卷叶螟蛹如图 4-25 所示。

图 4-25　稻纵卷叶螟蛹

(2)为害状识别

初孵幼虫栖于心叶或晚生分蘖的嫩叶中啃食叶肉，孕穗期也能栖于穗苞中啃食颖壳和叶鞘，造成半透明的白色细条状斑点；2 龄期在心叶或稻叶尖部吐丝；3 龄期形成单管状虫苞，叶肉食尽后留下白色表皮。1～3 龄的取食量约占一生总取食量的 20%左右，3 龄后进入暴食，常将 2～4 叶束在一起成为虫苞，幼虫在虫苞内取食，形成大量白叶。水稻生长后期，由于功能叶被害，因此空瘪粒增加、粒重降低。稻纵卷叶螟为害状如图 4-26 所示。

(3)发生规律

稻纵卷叶螟在江苏每年发生 2～3 个世代，第四(2)代和第五(3)代为主害代。纵卷叶螟抗寒能力弱，无低温滞育习性，在 1 月平均气温 4℃等温线(相当于北纬 30 度附近)以北地区，任何虫态均不能越冬。江苏每年初次虫源主要来自岭南北部地区，夏季成虫随西南气流迁入。锋面天气的槽前地带，迁飞成虫伴随降雨或下沉气流降落(副热带高压边缘亦可能降虫)。第

图 4-26　稻纵卷叶螟为害状

六(4)代成虫大量外迁。在暖秋年份，部分成虫滞留在迟熟单晚稻上产卵为害。

(4)生物学特性

成虫有迁飞特性，飞翔力较强。成虫羽化盛期在晚上 8 点以后，午夜前后出现高峰，羽化后 1～2 d 交配，交配多在下半夜进行，以凌晨 3～5 点最盛。成虫白天多隐藏在茂密、荫蔽的作物或杂草中，一遇惊动，即进行短距离飞翔。有趋光性，以对金属卤素灯的趋性为最强，并喜吸食植物的花蜜和蚜虫的蜜露将其作为补充营养。同一生育期的水稻，生长嫩绿的着卵量比一般田要高好几倍，甚至十几倍。产卵部位多在植株中、上部叶片背面，以倒 2～3 叶为最多。一生可为害 5～7 叶，多达 9～10 叶。幼虫性活泼，当剥开卷叶时，即迅速倒退跌落。老熟幼虫经 1～2 d 预蛹期，吐丝结薄茧化蛹。

偏施氮肥或施肥过迟，稻苗徒长披叶，植株体内含氮量高，着卵多，受害重。稻纵卷叶螟的生长发育需要适温、高湿，适宜的温度为 22～28 ℃，相对湿度在 80%以上。纵卷叶螟的天敌有 80 多种，各个虫期都有天敌捕食或寄生。寄生性天敌，卵期主要有稻螟赤眼蜂和松毛虫赤眼蜂等；幼虫期主要有稻纵卷叶螟绒茧蜂、螟蛉绒茧蜂、扁股小蜂等；蛹期主要有姬蜂、广大腿小蜂和寄生蝇等。捕食性天敌有青蛙、蜻蜓、豆娘、步行虫、隐翅虫、蜘蛛等。其中，常见的稻纵卷叶螟绒茧蜂和草间小黑蛛等，对稻纵卷叶螟的控制作用较大。

(三)水稻钻蛀性害虫

1. 大螟

(1)形态识别

成虫：体长 12～15 mm，翅展 27～30 mm，头、胸部淡黄褐色，腹部淡黄色，前翅长方形淡褐黄色，翅中部从翅基至外缘有明显的暗褐色纵纹，此线上下各有 2 个小黑点。后翅银白色。雄蛾触角栉齿状，雌蛾触角丝状。大螟成虫如图 4-27 所示。

卵：扁球形，顶部稍凹，直径 0.5 mm，高 0.3 mm，表面有放射状细隆线，卵块带状，排列成 2～4 行。初产时乳白色，后变淡黄、淡红至黑色。大螟卵粒如图 4-28 所示。

幼虫：幼虫分 6 龄。老熟幼虫体长约 30 mm，体粗壮，头红褐色，胴部淡黄色，背面带紫红色。腹足趾钩 12～15 个，列成中带。大螟幼虫如图 4-29 所示。

图 4-27　大螟成虫

图 4-28　大螟卵粒

图 4-29　大螟幼虫

蛹:体长 15～18 mm,初期乳白色,渐变黄褐色、褐色,将羽化时体赤黑色,头部附白粉,左右翅芽有一段相接,足不伸出翅芽,腹部末端有 4 个突起。大螟蛹如图 4-30 所示。

(2)为害状识别

稻田初孵幼虫先群集在叶鞘内取食,造成枯鞘。2～3 龄后分散蛀茎,出现大量枯心,以后幼虫不断转株为害,直至孵化后 20 d 左右,枯心才停止发展。孕穗期产在穗苞内的卵,孵化后幼虫先在穗苞内为害幼穗,造成枯孕穗,抽穗后幼虫爬出,钻入穗颈形成白穗。叶鞘内的卵,孵出后幼虫先集中取食,2 龄后侵入稻茎,已抽穗的稻株,幼虫多直接从剑叶鞘上钻孔侵入穗颈,造成白穗和虫伤株。幼虫进入高龄期,开始向下转移,蛀食稻茎,形成虫伤株。

(3)发生规律

大螟在江苏一年发生三代,暖秋年份在部分地区有不完全第四代发生。但在以杂交稻为主的地区,每年可发生四代。以幼虫越冬,第一代成虫于 4 月中下旬初见、5 月上中旬盛发,一

图 4-30　大螟蛹

般有 2～3 个蛾峰，多的年份有 4～5 个蛾峰。在水稻与春玉米并存地区，第一代成虫大多在春玉米田产卵为害，造成枯心和虫伤株。第二代成虫于 6 月下旬至 7 月初见、7 月上中旬盛发，幼虫于 7 月下旬至 8 月上旬为害中稻和早发的晚稻，造成枯心。第三代成虫于 7 月下旬至 8 月初见、8 月上中旬盛发，幼虫于 8 月下旬至 9 月上旬为害中晚稻和后季稻，造成白穗、虫伤株和枯孕穗。

(4)生物学特性

成虫羽化多在晚上 7～8 点，白天栖息在杂草丛中或稻丛基部，晚上 8～9 点活动，扑灯盛期在午夜 11 点至第二天凌晨 1 点。成虫第一代具有较强的趋光性，高温期第二、第三代趋光性弱，第四代又转强。第一代雄蛾性外激素有较强的诱集作用。第二、第三代诱集力差，因此，灯诱或性诱在高温季节往往反映不出成虫的消长情况。大螟成虫喜在较开阔的空间活动产卵，在密度较高的稻田，卵多产于田边；随密度下降，大螟卵渐向田中扩展。雌蛾产卵选择性强，第一代成虫喜产卵于玉米基部第二叶叶鞘内侧；第三代成虫喜产卵于田边稗草上，秆高、茎粗、叶鞘紧密适中的田边稻株上也有少量卵块分布。第三代产卵以孕穗期和刚齐穗的稻苗上的卵块为最多，卵主要产在水稻叶鞘内侧，多数产在距叶枕 3 cm 以内。有卵的叶鞘表面隆起，可见似开水烫过的褪色卵痕。

春玉米与水稻混作区，都证明了春玉米面积与大螟种群增殖的相关性。滨湖地区由于茭白、芦苇多，因此大螟的食料多。中晚稻混栽面积扩大，有利于大螟种群数量增加。田间稗草混杂率高，有利于大螟产卵。大螟的常见天敌有青蛙、鸭、步甲等捕食性天敌，也有寄生于幼虫和蛹的茧蜂、姬蜂和寄生蝇等。

2. 二化螟

(1)形态识别

成虫：雄蛾体长 10～12 mm，翅展 20～25 mm，头、胸部灰黄褐色，前翅近长方形，黄褐色或灰褐色，翅面散布褐色小点，中央有 1 个紫黑色斑点，其下方另有呈斜形排列的 3 个同色小斑点，外缘有 7 个黑点。后翅白色，近外缘渐带淡黄褐色，腹部瘦小，雌蛾体长 12～15 mm，翅展 25～31 mm，头、胸部及前翅黄褐色，前翅翅面褐色小点很少，无紫黑色斑点，但外缘有 7 个小黑点。后翅白色，有丝般光泽，腹部粗肥。二化螟成虫如图 4-31 所示。

卵：扁椭圆形，大小为 1.0 mm×0.7 mm，有不明显的网状纹。初产时白色，过后带粉红色，以后由灰褐变为灰黑色，常以数十至数百个卵呈鱼鳞状排列成长条形卵块。二化螟卵如图 4-32 所示。

幼虫：成长幼虫，长 20～25 mm，浅褐色，背面有 5 条红褐色纵线，最下一条通过气门。腹足趾钩 2 序，缺环式。通常有 6 龄。二化螟幼虫如图 4-33 所示。

蛹：长约 13 mm，黄褐色或褐色，腹部背面隐约可见 5 条棕褐色纵线。头部有乳头状突起，突向腹面。喙为翅长度的 1/2，中足末端和翅尖相平。化蛹在水稻和茭白等茎内或茎与叶鞘之间。二化螟蛹如图 4-34 所示。

图 4-31　二化螟成虫

图 4-32　二化螟卵

图 4-33　二化螟幼虫

图 4-34　二化螟蛹

(2)为害状识别

第一代成虫主要集中在中晚稻秧苗上产卵,可带卵或带低龄幼虫移栽到大田。早栽中稻大田也可能遭受第一代幼虫为害造成枯鞘、枯心。第二代幼虫为害中、晚稻和三熟制后作稻(瓜后稻、豆后稻、玉米后作稻)大田造成枯鞘、枯心、枯孕穗、白穗和虫伤株,虫口密度高的田后期虫伤株可成团塌秆,造成"冒穿"。二化螟为害状如图 4-35 所示。

图 4-35　二化螟为害状

(3)发生规律

江苏常年发生两代,气温较高的年份有不完全的第三代发生。第二代老熟幼虫栖于稻根内越冬,也有少量在稻草内越冬。虫龄较低的越冬幼虫在春季能转株到三麦和油菜茎秆内摄取营养，造成麦子白穗或枯孕穗。耕作制度对二化螟发生影响明显，耕作制度趋向简单，二化螟种群数量相应上升。多种赤眼蜂和等腹黑卵蜂对二化螟卵寄生率较高，对抑制二化螟发生有较大作用，其他还有多种姬蜂、寄生蝇、线虫、白僵菌等。

（4）生物学特性

成虫多在晚间羽化。白天静伏在稻田和杂草中，夜晚飞出活动。趋光性强，对黑光灯更敏感。成虫羽化当晚或翌日交尾，再经 1 d 开始产卵。雌蛾多选择株高、秆粗、剑叶长、叶色深绿的田块产卵，水稻分蘖期和孕穗期落卵量最多。蚁螟出壳后，大部分沿稻叶向下爬行或吐丝下垂，从心叶、叶鞘缝隙或蛀孔侵入。秧苗小时，蚁螟多小股分散为害；5～6 叶龄后，蚁螟先集中在叶鞘内侧取食叶鞘内壁组织。受害叶鞘 2～3 d 后变色，7～10 d 后枯黄，即枯鞘期。此时幼虫尚未侵入心叶或稻茎，是查治的有利时机。幼虫 2 龄后开始蛀食稻茎，再形成枯心、枯孕穗、白穗和虫伤株。常见数头或数十头幼虫同在一株内为害。食料不足，则分散转株为害。天气干燥缺水、稻株生长受阻时幼虫转移频繁，为害加重。幼虫老熟后在茎秆或叶鞘内侧化蛹，越冬幼虫在稻桩、稻草或夏熟作物茎秆内化蛹。稻秆内的化蛹部位常随水位高、低而升、降。

3. 三化螟

（1）形态识别

成虫：雄蛾体长 8～9 mm，翅展 18～22 mm，头、胸部背面和前翅淡灰褐色。复眼灰黑色，下唇须长，伸向前方，前翅近三角形，中央（中室下角）具 1 小黑点，自翅尖至内缘中央附近有 1 条暗褐色斜带，外缘有 9 个小黑点，前面 7 个较明显，缘毛与翅同色。后翅灰白色，外方稍带淡褐色，具臀脉 3 条，缘毛为白色，腹部细瘦，灰白色，基部 3 节黄褐色。雌蛾体长 10～13 mm，翅展 23～28 mm，体黄白色或淡黄色。前翅淡黄或黄色，向外方色较深，中室下角具有 1 个明显的黑点，缘毛黄色。腹部末端具有淡茶褐色或淡黄褐色毛，产卵后脱落。三化螟成虫如图 4-36 所示。

图 4-36　三化螟成虫

卵：长 0.3～0.9 mm，宽 0.7～0.8 mm，卵粒扁平，椭圆形，但常因相互挤在一起而呈不规则的四角形或五角形。初产时乳白色，后转为黄白色、黄褐色，近孵化时变为灰黑色。卵块平均长 6.3 mm，宽 2.8 mm，长椭圆形，中央稍隆起，形似半边黄豆，卵粒排列，中央三层，边缘为一、二层，卵块表面盖有淡茶褐色或淡黄褐色鳞毛，排列较杂乱。

幼虫：幼虫一般 4～5 龄，成熟幼虫体长约 21 mm，头淡褐色或黄褐色。胸、腹部黄白色或淡黄绿色，除映出淡绿色的背血管似背线外，无其他纵纹，气门淡茶褐色。腹足趾钩 28～38 个，排列整齐，为椭圆形单序全环，尾足趾钩 21～31 个，呈眉状半环。三化螟幼虫如图 4-37 所示。

图 4-37　三化螟幼虫

蛹：雄蛹体长约 12 mm，较细瘦，初为黄白色，后变黄绿色，头部较小，触角长达翅长的 7/8 左右，前翅端部达第四腹节后缘，中足超过翅端部伸到第五腹节，后足伸长达第七或第八腹节。雌蛹体长约 15 mm，较粗大，触角长度为翅长的 1/2，前翅端部达第四腹节后缘，中足较接近翅的端部，后足伸至第六腹节后缘。

(2)为害状识别

幼虫在水稻苗期和分蘖期，从稻茎基部蛀入，咬断茎内组织，破坏输导机能，使心叶失水纵卷，呈葱管状，而后逐渐凋萎、枯黄，造成枯心苗。这种枯心苗早期叶鞘不枯黄、不扭转，易拔起，断处有虫咬痕迹且平齐。幼虫在孕穗末期和抽穗初期侵入，咬断穗颈，水稻养分输送中断，造成白穗。这种白穗容易拔起，剑叶鞘不枯黄，剥开叶鞘，穗茎上有环状咬断的平齐伤痕，剥开穗茎，茎内虫屑、虫粪较少。

(3)发生规律

江苏一年发生三代，暖秋可发生不完全的第四代。以老熟幼虫在稻桩内滞育越冬，翌年 4～5 月气温回升到 16 ℃以上时开始化蛹。第一代成虫于 5 月中旬盛发，5 月下旬出现高峰，5 月底至 6 月初为盛发末期，为害中晚稻秧田和早栽大田，造成枯心。第二代成虫于 7 月上旬盛发，7 月中旬出现高峰，7 月下旬为盛发末期，为害中晚稻大田和瓜后稻等三熟制水稻秧苗，造成枯心。第三代成虫于 8 月上旬盛发，8 月中下旬出现高峰，8 月底至 9 月初为盛发末期，造成白穗。

(4)生物学特性

三化螟成虫在傍晚羽化。白天静息在稻丛间，黄昏开始活动。趋光性强，多在上半夜扑灯，天气闷热的风静月黑之夜扑灯最多。羽化后当晚开始交配，第二天晚间开始产卵。三化螟蛾产卵对水稻生育期有极明显的选择性，本田多于秧田，处于分蘖期和孕穗期的稻田明显会吸引螟蛾多产卵。在生育期相同的情况下，叶色浓绿、生长茂密的田中相对落卵多。螟卵多在上午孵化，孵化后的蚁螟向叶尖爬行，后吐丝悬垂随风飘荡，分散到附近稻株上。三化螟幼虫怕光，蚁螟先寻找适当的部位蛀入稻株，然后取食。2～3 龄幼虫转株也在夜间进行，3～4 龄幼虫则多附有 2 cm 长的叶或茎来爬行转株。幼虫只取食叶鞘黄白色的幼嫩组织、穗苞内的花粉和柱头以及茎秆的内壁，基本不吃有叶绿素的部分。在大量取食以前，必先在叶鞘和稻茎节间的基部咬断大部分维管束(“环状切断”)，造成枯心或白穗等。越冬幼虫于秋收前在稻茎内下移到土下 1～2 cm 处滞育越冬，翌春 4～5 月化蛹。

湿度对三化螟越冬死亡率影响很大，湿度太低，冬耕田土面稻桩内的越冬幼虫容易干死，湿度太高又容易窒息、霉烂而死。三化螟捕食性天敌有蛙、蜻蜓、蜘蛛等，寄生性天敌有寄生蜂、寄生蝇、线虫等。在寄生蜂中，卵寄生蜂最重要。在江苏，主要的寄生蜂种类是稻螟赤眼蜂，其次是等腹黑卵蜂、长腹黑卵蜂等。

(四)水稻其他害虫

1. 直纹稻弄蝶(稻苞虫)

(1)形态识别

翅正面褐色，前翅具半透明白斑7～8个，排列成半环状；后翅中央有4个白色透明斑，排列成直线。翅反面色淡，被有黄粉，斑纹和翅正面相似。雄蝶中室端2个斑大小基本一致，而雌蝶上方1个长大，下方1个多退化成小点或消失。

成虫：体长16～20 mm，翅展36～40 mm。体翅黑褐色，有金黄色光泽。前翅有7～8枚排成半环状的白斑，后翅有4个白斑，呈“一”字形排列。直纹稻弄蝶成虫如图4-38所示。

图4-38　直纹稻弄蝶成虫

卵：半球形，直径约1 mm，顶端平，中间稍下凹，表面有六角形刻纹。初产时淡绿色，后变褐色，快孵化时为紫黑色。

幼虫：老熟时体长30～40 mm。头大，正面有“W”形黑褐色形纹，胴部第1、2节细小似颈，中段肥大，末端又细小，故虫体略呈纺锤形。直纹稻弄蝶幼虫如图4-39所示。

图4-39　直纹稻弄蝶幼虫

(2)为害状识别

早期为害造成白穗减产，晚期为害大量吞噬绿叶，造成绿叶面积锐减，稻谷灌浆不充分，千粒重低，严重减产，更为严重的是由于直纹稻弄蝶为害，稻粒黑粉病剧增，收获的稻谷中带病谷粒多，加工时黑粉不易祛除，直接影响稻谷质量，造成经济损失，威胁消费者的身体健康。除水稻外，还为害甘蔗、玉米、麦类、茭白等作物，并能在游草、芦苇、稗等多种杂草上取食存活。抽穗前为害，使稻穗卷曲，无法抽出，或被曲折，不能开花结实，严重影响产量。在我国，除西北地区外，遍及各稻区，以淮河流域以南发生普遍。寄主有水稻、茭白、稗、游草、芦苇等。幼虫吐丝缀连水稻数张叶片成苞，躲在内蚕食叶片，严重时，可将稻叶吃尽，还常使稻穗不能伸出。

(3)发生规律

在中国，主要发生为害的是，局部地区间歇性严重发生。南方稻区幼虫通常在避风向阳的田间、沟边、塘边及湖泊浅滩、低湿草地等处的李氏禾及其他禾本科杂草上越冬，或在晚稻禾丛间或再生稻下部根丛间、茭白叶鞘间越冬。成虫昼出夜伏，白天常在各种花上吸蜜，卵散产在稻叶上。所以，在山区稻田、新稻区、稻棉间作区或湖滨区大量发生，为害较重。直纹稻弄蝶在广东、海南、广西 1 年发生 6～8 代；长江以南，南岭以北如湖北、江西、湖南、四川、云南 1 年发生 5～6 代；长江以北 1 年发生 4～5 代；黄河以北 1 年发生 3 代；辽宁 1 年发生 2 代。湖南、江西、四川、贵州、湖北等地的一季中稻区，直纹稻弄蝶的主害期在 6 月下旬到 7 月份，尤其对山区中稻为害较重。在湖滨地区的一季晚稻也常会遭受较大面积的为害。

(4)生物学特性

成虫白天活动，喜在芝麻、南瓜、棉花、千日红等植物上吸食花蜜，故可根据这些植物上的成虫数量预测下代幼虫发生程度。卵散产，在水稻上以叶背近中脉处为多；在叶色浓绿、生长茂盛的分蘖期稻田里产卵量大。幼虫共 5 龄。1、2 龄在靠近叶尖的边缘咬一缺刻，再吐丝将叶缘卷成小苞，自 3 龄起所缀叶片增多，一般为 2～8 片叶片缀成一苞。一头可吃去 10 多片稻叶，4 龄后食量大增，取食量在一生的 93%以上，故应在 3 龄盛期前防治。老熟幼虫在苞内化蛹，蛹苞两端紧密，呈纺锤形。该虫为间歇性猖獗的害虫，其大发生的气候条件，适温为 24～30 ℃，相对湿度在 75%以上。在 6、7 月份，雨量和雨日数多，尤其是“时晴时雨，吹东南风，下白昼雨”可作为大发生的预兆。高温、干燥天气不利于其发生。在山区或水稻与芝麻、棉花等作物交替种植的地区，蜜源充裕，直纹稻弄蝶发生严重。在卵期，寄生蜂作用大，重要的有稻螟赤眼蜂、拟澳洲赤眼蜂等；幼虫期重要天敌有螟蛉绒茧蜂、螟蛉悬茧姬蜂等。捕食性天敌有蜘蛛、步甲等。

2. 黑尾叶蝉

(1)形态识别

成虫体长 4.5～6 mm。头至翅端长 13～15 mm。本科成员种类不少，最大特征是后足胫节有 2 排硬刺。黄绿色。头与前胸背板等宽，向前成钝圆角突出，头顶复眼间接近前缘处有 1 条黑色横凹沟，内有 1 条黑色亚缘横带。复眼黑褐色，单眼黄绿色。雄虫额唇基区黑色，前唇基区及颊区为淡黄绿色；雌虫颜面为淡黄褐色，额唇基的基部两侧区各有数条淡褐色横纹，颊区淡黄绿色。前胸背板两性均为黄绿色。小盾片黄绿色。前翅淡蓝绿色，前缘区淡黄绿色，雄虫翅端 1/3 处黑色，雌虫的为淡褐色。雄虫胸、腹部腹面及背面黑色，雌虫腹面淡黄色、腹背黑色。各足黄色。卵长茄形，长 1～1.2 mm；末龄若虫体长 3.5～4 mm，若虫共 4 龄。黑尾叶蝉成虫如图 4-40 所示。

(2)为害状识别

黑尾叶蝉在取食和产卵时会刺伤寄主茎叶，破坏输导组织，受害处呈现棕褐色条斑，致植株发黄或枯死。

(3)发生规律

江、浙一带年生 5～6 代，以 3～4 龄若虫及少量成虫在绿肥田边、塘边、河边的杂草上越冬。成虫把卵产在叶鞘边缘内侧组织中，每雌虫产卵 100～300 粒。若虫喜栖息在植株下部或

图 4-40　黑尾叶蝉成虫

叶片背面取食，有群集性，3～4 龄若虫尤其活跃。越冬若虫多在 4 月羽化为成虫，迁入稻田或茭白田为害，少雨年份易大发生。主要天敌有褐腰赤眼蜂、捕食性蜘蛛等。

3. 稻象甲

(1)形态识别

成虫：体长 5 mm，暗褐色，体表密布灰褐色鳞片。头部伸长如象鼻，触角黑褐色，末端膨大，着生在近端部的象鼻嘴上。两翅鞘上各有 10 条纵沟，下方各有一长形小白斑。稻象甲成虫如图 4-41 所示。

图 4-41　稻象甲成虫

卵：椭圆形，长 0.6～0.9 mm，初产时乳白色，后变为淡黄色，半透明而有光泽。

幼虫：长 9 mm，蛆形，稍向腹面弯曲，体肥壮多皱纹，头部褐色，胸腹部乳白色，很像一颗米饭粒。

蛹：长约 5 mm，初乳白色，后变灰色，腹面有许多细皱纹。

(2)为害状识别

成虫以管状喙咬食秧苗茎叶，被害心叶抽出后，轻的呈现一横排小孔，重的秧叶折断，漂浮水面。幼虫食害稻株幼嫩须根，致叶尖发黄，生长不良。严重时不能抽穗，或造成秕谷，甚至成片枯死。稻象甲为害状如图 4-42 所示。

(3)发生规律

浙江 1 年生 1 代，江西、贵州部分地区生 1 代，多为 2 代，广东 2 代。1 代区以成虫越冬，1、2 代交叉区和 2 代区也以成虫为主越冬，幼虫也能越冬，个别以蛹越冬。幼虫、蛹多在土表 3～6 cm 深处的根际越冬，成虫常蛰伏在田埂、地边杂草、落叶下越冬。江苏南部地区越冬成虫于翌年 5～6 月产卵，10 月间羽化。江西越冬成虫则于 5 月上中旬产卵，5 月下旬一代幼虫

图 4-42　稻象甲为害状

孵化,7 月中旬至 8 月中下旬羽化。2 代幼虫于 7 月底至 8 月上中旬孵化,部分于 10 月化蛹或羽化后越冬。一般在早稻返青期为害最严重。

(4)生物学特性

成虫早、晚活动,白天躲在秧田或稻丛基部株间或田埂的草丛中,有假死性和趋光性,善游水,好攀登。产卵前先在离水面 3 cm 左右的稻茎或叶鞘上咬一小孔,每孔产卵 13～20 粒。幼虫喜聚集在土下,食害幼嫩稻根,老熟后在稻根附近土下 3～7 cm 处筑土室化蛹。生产上通气性好,含水量较低的沙壤田、干燥田、旱秧田易受害。春暖多雨,利于幼虫化蛹和羽化;早稻分蘖期多雨,利于成虫产卵。年发生 1～2 代,一般在单季稻区发生 1 代,单、双季稻混栽区发生两代。以成虫在稻桩周围、土隙中越冬为主,也有的在田埂、沟边草丛松土中越冬,少数以幼虫成蛹在稻桩附近土下 3～6 cm 处做土室越冬。

4. 稻螟蛉

(1)形态识别

成虫:体暗黄色。雄蛾体长 6～8 mm,翅展 16～18 mm,前翅深黄褐色,有两条平行的暗紫色宽斜带;后翅灰黑色。雌蛾稍大,体色较雄蛾略浅,前翅淡黄褐色,两条紫褐色斜带中间断开不连续;后翅灰白色。

卵:稻螟蛉成虫如图 4-43 所示。扁圆形,表面有纵横隆线,形成许多方格纹;初产时淡黄色,孵化前变紫色。

幼虫:老熟时体长约 22 mm,绿色,头部黄绿色或淡褐色,背线及亚背线白色,气门线黄色。仅有两对腹足和一对臀足,行走时似尺蠖。稻螟蛉幼虫如图 4-44 所示。

蛹:初为绿色,渐变为黄褐色。腹末有钩 4 对,后一对最长。

图 4-43　稻螟蛉成虫

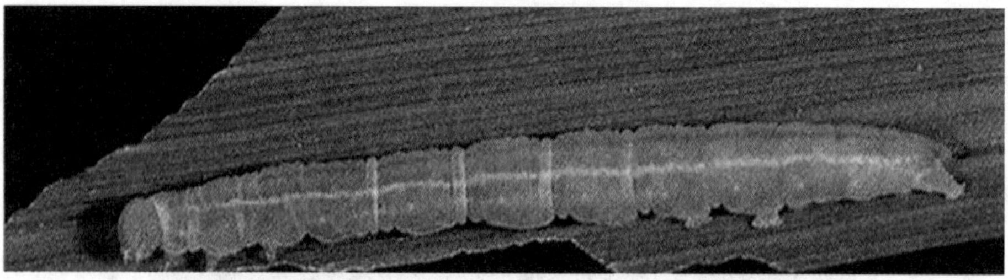

图 4-44　稻螟蛉幼虫

(2)为害状识别

除为害水稻外，还为害高粱、玉米、甘蔗、茭白，并取食多种禾本科杂草。以幼虫食害稻叶，1～2 龄将叶片食成白色条纹，3 龄后将叶片食成缺刻，严重时将叶片咬得破碎不堪，仅剩中肋。秧苗期受害最重。

(3)发生规律

稻螟蛉在广东一年发生 6～7 代，以蛹在田间稻茬丛中或稻秆、杂草的叶包、叶鞘间越冬。多于 7、8 月间为害晚稻秧田，其他季节一般虫口密度较低。偶尔在 4、5 月份发生，为害早稻分蘖期。

(4)生物学特性

成虫日间潜伏于水稻茎叶或草丛中，夜间活动，交尾、产卵，趋光性强，且灯下多属未产卵的雌蛾。卵多产于稻叶中部，也有少数产于叶鞘，每一卵块一般有卵 3～5 粒，排成 1 行或 2 行，也有个别单产，每雌蛾平均产卵 500 粒。稻苗叶色青绿，能招引成虫集中产卵。

幼虫孵化后约 20 min 开始取食，先食叶面组织，渐将叶绿素啃光，致使叶面出现枯黄线状条斑，3 龄以后才从叶缘咬起，将叶片咬成缺刻。

幼虫在叶上活动时，一遇惊动即跳跃落水，再游水或爬到别的稻株上为害。虫龄越大，食量越大，最终使叶片只留下一条中肋。老熟幼虫在叶尖吐丝，把稻叶曲折成粽子样的三角苞，藏身苞内，咬断叶片，使虫苞浮落水面，然后在苞内结茧化蛹。

第二节　稻田综合种养绿色防控技术

在机插稻田综合种养模式农田生态系统中，一是鸭、鱼、虾等活动动物体的加入，延长了农田生态食物链，利于天敌等种群的生存和繁殖，使原本单一的机插水稻农田系统发生了较大的改变，更具有生物多样性；二是鸭、鱼、虾等在田间的活动，不断刺激田间稻株的表皮，使害虫的入侵、产卵、孵化和病害病原菌的侵染、繁殖、传播发生了变化；三是鸭、鱼、虾等喂养取食后残留的残渣、残液和产生的粪便，使农田的水体比单一的机插水稻农田水体更富集、更营养化，浮游生物和有益菌群落增多；四是机插稻田综合种养栽培扩大了株、行距，密度的降低利于水稻基部通风透光，增强单株的光合作用，利于水稻健壮生长；五是田间长期保持水层，无法“搁田”脱水，水稻基部长期浸泡在水中，不利于水稻根系通风透气；六是稻、鸭，稻、鱼，稻、虾等在水中共生，为了增强安全性，移栽大田前、中期不能也不宜使用化学农药，使得病虫害的防控难度增加。

一、稻田综合种养绿色防控技术的概念

从水稻农田生态系统总体出发，根据有害生物和环境之间的相互关系，充分发挥自然控制因素的作用，因地制宜协调、应用必要的措施，在“公共植保、绿色植保”理念的基础上，按照“预防为主、综合防治”的植保方针，采取各种技术措施，减少病原菌，降低虫源基数，减轻为害并降低暴发成灾的概率，将有害生物控制在经济受害允许水平之下，以获得最佳的经济、生态和社会效益。

二、稻田综合种养绿色防控技术的策略

以植物检疫为前提，农业防治措施为基础，抓好种子处理为关键，减少病源、降低虫源基数；以保护大田农田生态系统为核心，辅以生态调控、生物防治、科学用药，减轻病虫的发生和暴发成灾的概率，确保稻田综合种养稻、鸭、鱼、虾等的安全。

三、稻田综合种养绿色防控技术的措施

（一）水稻播种前的绿色防控技术

1. 严格执行植物检疫制度

在品种的引进和调运过程中，加强检疫，从源头控制水稻细菌性条斑病、水稻白叶枯病等检疫性病虫的传入、发生、传播和蔓延。

2. 选用抗（耐）病、优质、高产品种

品种的抗性对病虫的发生、发展起着决定性的作用。稻田综合种养选用的水稻品种，应特别注意对稻瘟病、纹枯病、稻曲病、稻飞虱等主要病虫具有高抗或中抗以上水平，以减少秧田、大田期的用药防治压力。

（二）水稻秧田期的绿色防控技术

水稻恶苗病和干尖线虫病是水稻上的两个重要的种传病害，该病害只能预防，一旦发生，将无法用药控制，必须在播种前抓好种子处理关。

1. 种子处理

（1）播前晒种

将选用好的水稻种子，播前 2～3 d 选择晴朗天气，开袋摊在水泥场地曝晒 1～2 d，一是通过紫外线杀灭种子带菌传播的病原菌和虫卵，如稻瘟病病菌等；二是增强种子活性，提高种子发芽、出苗率。

（2）药剂拌种

采用“水稻病虫害全程简约化防控技术集成与推广”的成果进行种子处理新技术。具体操作：先将稻种按常规浸种，沥干后直接用药拌种。每亩用种 4 kg，配制 20%氯虫苯甲酰胺 30 mL＋24%噻呋酰胺 100 mL＋10%三氟苯嘧啶 20 g，注意拌种时不需要加水，拌好后可用红墨水做指示色，晾干即可播种。

该技术成果 2020 年获得江苏省农业技术推广一等奖。该配方药剂种子处理，具有药剂持效期较长，可有效控制种子带菌的种传病害恶苗病、干尖线病等，同时由于拌种，可有效控制水

稻机插后前、中期稻飞虱、纵卷叶虫、螟虫、叶(苗)稻瘟、条纹叶枯病、纹枯病等病虫害的发生。据镇江市农科院多年、多地试验,控虫、抑病效果持续时间可达 70～90 d,减少了移栽大田前、中期用药次数,保护了农田生态环境。

2. 培育无病壮秧

采用工厂化育秧,注意调整播种和移栽时间,避开灰飞虱迁移高峰、螟虫产卵高峰期,育秧温室大棚采用防虫网阻隔,阻断灰飞虱、螟虫等成虫与寄主秧苗的接触,从而控制条纹叶枯病的发生和对秧苗的为害。

(三)水稻大田期的绿色防控技术

在农业防治措施的基础上,应用种子处理药剂的长效特性,有效控制或减少水稻生长前、中期恶苗病、干尖线虫、灰飞虱等病虫的发生,保护田间天敌蛙类、蜘蛛、绒茧蜂等天敌繁殖生存的生态环境,改造病虫害发生源头及滋生环境,增强自然控害能力和作物抗病虫能力。同时应用植物诱控,性诱剂、灯光诱杀等理化诱控技术,诱集田间螟虫、纵卷叶虫等成虫交配产卵,减少虫卵发生基数,减少用药次数,保护农田生态环境,达到利用农田天敌自然控害的目的。推广应用绿色防控生物农药苦参碱、短稳杆菌、井冈霉素等防治纵卷叶虫、纹枯病;大发生年份应急防控选用高效、低毒、低残留农药防治稻飞虱、稻瘟病等重大病虫。

1. 农业防治技术

①选择田块时应远离老病区、重病田,从源头控制病虫害发生。统筹规划,合理安排茬口,力求连片种植,尽量避免不同熟制的水稻混栽,减少流行性病害和迁飞性害虫的中间寄主,降低病虫害发生程度。

②清洁田园,消灭越冬病虫源、减少病虫源基数。清除田边、沟边杂草及残株,拾毁田间稻桩,销毁并处理稻草、秸秆,降低灰飞虱、螟虫、稻瘟病菌源等越冬基数。

③冬耕晒垡、春耕灌水,破坏内源性病虫的越冬场所。冬闲、种植绿肥田块要尽早冬耕晒垡,破坏病虫的越冬场所,特别是螟虫,要抢在其春季化蛹前,及时翻耕、灌深水沤田,以闷杀稻根内的虫蛹,减少虫源。

④平整大田时,打捞、清理田角、田边菌核和杂草种子。除在耕翻深埋菌核及杂草种子外,稻田平整时,要在田块下风口的田角边,及时打捞清理菌核和杂草种子,以降低水稻纹枯病、稻曲病等的发生基数。

⑤加强肥水管理,促使稻苗健壮生长,增强自身抗逆性。做到科学、合理施肥,以测土配方施肥为基础,基肥增施有机肥,N、P、K 合理搭配施肥,有条件开展机插侧深施肥,浅水勤灌,创造稻苗健壮生长的适宜环境,不断增强水稻自身的抗病、抗虫、抗倒性。

2. 生态调控技术

(1)控制前期用药,保护农田生态自然循环平衡

充分利用稻—鸭、稻—鱼、稻—虾等模式自然生态群落,保持生物多样性,保护农田生态自然循环平衡,发挥天敌青蛙、蜘蛛、草蛉、瓢虫、猎蝽、寄生蜂、寄生蝇等自身控害效果。

(2)栽种显花植物,搭建“桥梁田”让天敌过渡转移

利用田间空、田埂、路边等,种植芝麻、大豆、豌豆、花卉等显花植物,搭建大田天敌来源“桥梁田”过渡转移,提供食源、蜜源,让天敌增殖、繁殖,为下一步移栽大田前、中期天敌来源提供“补充”源。

3. 理化诱控技术

(1)栽种香根草、茭白诱集

利用害虫的趋绿性,在现有沟、渠、塘、坝的水源地,栽种香根草(图 4-45)、茭白等高大、茂盛植物替换寄主,诱集螟虫、稻纵卷叶螟、灰飞虱等害虫的成虫集中产卵、孵化、为害,减少、减轻大田发生基数。

图 4-45　香根草

(2)应用性诱剂诱杀

通过人工合成雌蛾在性成熟后释放出一些性信息素的化学物质,吸引田间同种寻求交配的雄蛾,将其诱杀在诱捕器中,使雌虫失去交配的机会,不能有效繁殖后代,减低后代种群数量,从而达到防治的目的。近年来,稻田综合种养应用较为广泛,一般在田埂边,每亩插 20～30 个诱捕器,可有效诱杀螟虫、稻纵卷叶螟等害虫的成虫,减少大田发生基数。

(3)采用灯光诱杀

采用最多的为黑光灯,通过成虫的趋光性,达到对成虫捕杀的目的。杀虫灯主要针对成虫,在水稻种植前期效用较大,面对已繁殖成规模的虫害较为无力,且杀虫灯对于虫子的种类选择性差,在捕杀害虫的同时也会捕杀许多益虫和天敌,目前技术上仍存在较大的争议,所以在使用中一定要选择对害虫有针对性的光源光谱,严格控制开灯时间,以诱杀灰飞虱、稻纵卷叶螟、螟虫等害虫,保护天敌。

4. 生物防治技术

(1)人工释放天敌

连片种植区域,面积相对集中,有条件的田块,可以人工释放赤眼蜂等捕食性天敌,补充农田天敌种类和数量,起到自然生态控害的效果。

(2)应用微生物农药

真菌类:如绿僵菌、白僵菌等,是目前稻田综合种养中应用非常广泛、成熟的生物农药,对螟虫、稻纵卷叶螟、蓟马等害虫具有很好的防治效果。

细菌类:如苏云杆菌(BT)、短稳杆菌、青虫菌、蜡质芽孢杆菌、枯草芽孢杆菌等,对稻纵卷叶螟、螟虫、纹枯病等都具有一定的防治效果。

病毒类:如核型多角体病毒(NPV)等,对鳞翅目害虫等具有一定的防效。

(3)选择植物源农药

植物源农药是从植物体中提取的活性成分,按植物本身和活性结构合成的化合物及衍生物,如苦参碱、蛇床子素、印楝素、除虫菊酯、香菇多糖、雷公藤甲素等,可有效防治稻田鳞翅目等多种病虫害。

(4)应用生物化学农药

主要是抗生素类,包括井冈霉素、春雷霉素、宁南霉素、农抗 120 等,对稻田纹枯病、稻瘟病、稻曲病、条纹叶枯病等都具有很好的防效。

需要注意的是,生物农药本身不具有吸附性,且多为接触灭杀,所以使用时要均匀喷洒。生物农药多为活性蛋白或细胞,对温度、湿度等条件要求较高,且不能与浓碱性药物混合使用。由于生物农药作用机制与化学农药不同,需要经历寄生、繁殖才能发挥作用,因此要在虫害形成前 3～5 d 使用。应掌握在卵孵化高峰期用药,以确保防效。

5. 应急防控技术

在水稻中、后期,针对流行性病害稻瘟病、稻曲病和迁飞性害虫稻纵卷叶螟、褐飞虱重发或大发生年份,要在当地植保部门的技术指导下开展应急防控,切忌盲目乱用药,以免造成损失。

①坚持开展田间病虫与天敌的调查,经过经济阈值评估,达到防治指标后才用药。

②鸭、鱼、虾等养殖活体必须收获或与水稻分区隔离,做好隔离带,确保安全后才用药。

③选用安全、高效、低毒、低残留农药,尽可能选用生物农药及其复配,既要做到安全、有效,又要防止残留和杀伤天敌。

④选择正确的施药方法和时间,做到药剂的作用机理、农药剂型与施药方法协调,施药方法与病虫发生为害部位协调,施药方法与保护利用天敌协调用药。

⑤用药时要防止药液的飘移、用药区与隔离区水源的串流,确保用药安全、有效。

第五章　稻田综合种养模式效益分析

近年来，随着我国社会经济的快速发展和人民生活品质的不断提高，人们对食品安全质量要求越来越高，优质稻谷和养殖产品的需求量也在不断增加，相应地，对农业发展的要求也越来越高。稻田综合种养顺应了社会的发展需求，这种共生互补的生态农业种养模式能以种促养、以养补种、综合利用、循环发展，改变了过去传统的单一种养模式，提高了土地利用率，大大改善了农田生态环境。稻田综合种养由于切断了有害微生物的有效传播，不仅减少了种养动植物病害和草害的流行，同时也减少了化肥与农药的投入量，有效控制了农业面源污染，同时也节约了能源和资源，有效促进了生态循环农业的发展，获得一田多用、一水多用、一季多收的良好效果。

在当前大力提倡绿色发展、转变农业增长方式、推进农业供给侧结构性改革的形势下，各地立足绿色，从高质高效、合理利用资源、创新种养模式出发，充分利用稻田资源优势，发展稻田综合种养，既确保了粮食安全，又提高了种稻收益，实现了经济效益、社会效益和生态效益的共同发展。

第一节　经济效益分析

稻田综合种养的经济效益受社会种养规模及市场消费的影响，种养不同模式之间、相同模式年度之间、模式中产品作为主次销售等都会存在一定的差异。

【泰州市 2020 年资料】

全市共有稻虾共作 1 427 hm^2，其中，兴化 1 373 hm^2，占 95%以上；姜堰、靖江等地少量分布。一般每亩产绿色稻谷 300 kg，按 10 元/kg 计，每亩收入 3 000 元；产小龙虾 100 kg，价格 36～40 元/kg，每亩收入 3 800 元；成本中，物化成本 2 200 元，人工成本及土地租金 1 800 元；每亩纯效益 2 800 元，是常规稻麦种植模式收益的 4.6 倍。

全市共有稻鸭共作 793 hm^2，其中，兴化 586 hm^2，姜堰 146 hm^2，泰兴、靖江等地 60 hm^2。一般每亩产绿色稻谷 425 kg，按 10 元/kg 计，每亩收入效益 1 850 元，是常规稻麦种植模式收益的 3 倍。

全市共有稻蟹共作 186 hm^2，其中，兴化 100 hm^2、泰兴 86 hm^2。一般每亩产优质稻谷

250 kg，按 20 元/kg 算，每亩收入 5 000 元；产河蟹 50 kg，价格 60 元/kg，每亩收入 3 000 元；成本中，物化成本 2 450 元，人工成本及土地租金 2 500 元；每亩纯效益 3 050 元，是常规稻麦种植模式收益的 5 倍。

全市共有稻渔共作 146 hm^2，其中，姜堰 60 hm^2、兴化 26 hm^2、泰兴 6 hm^2、靖江 53 hm^2。从投入和产出效益分析，一般每亩产绿色稻谷 300 kg，按 10 元/kg 算，每亩收入 3 000 元，鱼每亩收入 3 000 元；成本中，物化成本 1 850 元，人工成本及土地租金 1 500 元；每亩纯效益 2 650 元，是常规稻麦种植模式收益的 4.4 倍。

【仪征市 2019 年资料】

种养模式及规模：2017 年仪征市稻田综合种养面积约 59.3 hm^2，模式主要有稻鸭共作、稻龙虾共作、稻泥鳅共作 3 种，区域主要在陈集、月塘、枣林湾、马集、新集、真州等乡镇，其中，稻鸭共作规模 46.0 hm^2、稻龙虾共作规模 10.0 hm^2、稻泥鳅共作规模约 3.3 hm^2。2018 年仪征市稻田综合种养面积约 159.3 hm^2，涉及全市范围，模式主要有稻鸭共作、稻龙虾共作、稻蛙共作、稻渔共作 4 种，其中，稻鸭共作规模 104.0 hm^2、稻龙虾共作规模约 45.3 hm^2、稻蛙共作规模约 6.7 hm^2、稻渔共作规模约 3.3 hm^2。

成本及效益情况：2017 年稻田综合种养中水稻总产量 391.20 t，其他种养产出总产量 32.58 t，水稻总产值 195.600 万元，其他种养产出总产值 108.240 万元，总投入 175.755 万元，总收益 128.085 万元。2018 年稻田综合种养中水稻总产量 1 065.6 t，其他种养产出总产量 97.52 t，水稻总产值 639.360 万元，其他种养产出总产值 340.160 万元，总投入 550.156 万元，总收益 429.364 万元。表 5-1 为两种主要稻田综合种养模式成本及效益。

表 5-1　两种主要稻田综合种养模式成本及效益

模式	年份	面积 (hm^2)	水稻产量 (kg/亩)	水稻价格 (元/kg)	其他产量 (kg/亩)	其他价格 (元/kg)	成本 (元/亩)	产值 (元/亩)	纯收益 (元/亩)
稻虾共作	2017	10.0	400	5	70	40	2 425	4 800	2 375
	2018	45.3	420	6	70	40	2 876	5 320	2 444
稻鸭共作	2017	46	480	5	32	30	2 020	3 360	1 340
	2018	104.0	500	6	32	30	2 273	3 960	1 687

若以单纯种稻为对照，对照水稻产量 600 kg/亩，平均售价 3 元/kg，产值 1 800 元/亩，扣除生产成本 850 元/亩，纯收益 950 元/亩。通过收益分析可知，综合种养比单纯种稻稻田净增产值 150 元/亩以上，稻鸭共作规模净增收益稍低，稻虾共作规模净增收益在 1 400 元/亩以上，增效显著。

由于综合种养模式较多，下面针对目前种养面积占比较大、效益较高的“稻虾”“稻鸭”“稻鳖”等几种模式进行实地调查，通过案例的形式分析如下。

一、稻虾共作模式

【案例 1】句容市传杰家庭农场(以小龙虾销售为主)

该家庭农场成立于 2015 年，2020 年被评为句容市渔业协会理事单位。邬传杰是农场法人代表，已从事小龙虾养殖与水稻种植九年。农场下辖两个种养基地，总面积 14 hm^2（分别位于句容市白兔镇太平村，种养基地 8.67 hm^2；镇江高新区高资镇巫岗村，种养基地 5.33 hm^2）。

该农场的种养效益受社会种养规模及市场消费的影响，年度间效益存在差异。根据对句容市传杰家庭农场近几年来种养效益调查，收益幅度在 38 400～47 724 元/hm^2 不等，以 2020 年效益最好。现以句容市传杰家庭农场白兔镇太平村种养基地 2020 年种养为例进行剖析。

(1)种养环节

3 月 15～27 日，第一次投放小龙虾虾苗，投放量约 315 kg/hm^2（约 108 000 尾）。4 月 28 日～6 月 20 日，陆续起捕小龙虾，捕捞量约 1 560 kg/hm^2。6 月 22 日，稻田播撒水稻种子（品种：南粳 9108），播种量约 90 kg/hm^2。7 月 1 日，第二次投入小龙虾虾苗，投放量约 345 kg/hm^2。8 月 1 日～9 月 26 日，陆续起捕小龙虾，捕捞量约 570 kg/hm^2。

(2)销售产值

4 月 28 日～6 月 20 日，基地共起捕小龙虾 13 520 kg，平均单价 44.6 元/kg，产值 60.299 2 万元。8 月 1 日～9 月 26 日，基地共起捕小龙虾 4 940 kg，平均单价 49.2 元/kg，产值 24.304 8 万元。11 月收割水稻，水稻单产 7 808 kg/hm^2，稻谷总产量为 62 460 kg（除环沟实种面积 8 hm^2），单价 2.42 元/kg，产值 15.115 3 万元。小龙虾、稻总产值 99.719 3 万元。

(3)成本投入

3 月 15～27 日，基地共投放小龙虾虾苗 2 730 kg，平均单价 60 元/kg，小计 16.380 0 万元。7 月 1 日，第二次投入小龙虾虾苗 2 993.5 kg，单价 16 元/kg，小计 4.789 6 万元。饲料总计投入 11 t（嘉吉 35 蛋白料），单价 6 500 元/t，小计 7.150 0 万元。药品、动保产品、电费小计 2.300 0 万元。稻种 780 kg，单价 7.6 元/kg，小计 0.592 8 万元。农药、化肥及无人机作业费小计 3.100 0 万元。收割机作业费小计 0.780 0 万元。支付土地流转金，租金 12 750 元/hm^2，小计 11.050 0 万元。固定工人工资（2 名）8 万元。临时工工资 42 000 元。合计总投入 58.342 4 万元。

(4)经济效益

基地种养产值减去成本投入，总收益 41.376 9 万元（含农场法人工资），每公顷收益约 47 724 元。

【案例 2】江苏神禾农业科技发展有限公司（以稻谷、小龙虾销售为主）

该公司 2020 年稻田综合种养面积 13.67 hm^2，采用稻小龙虾共作模式。

(1)田间工程

开环沟宽度平均 2.5 m，沟深 1～1.2 m，水面占稻田面积 10%。放养密度：放养规格为 160 尾/kg 的小龙虾苗 300 kg/hm^2。养殖管理：投喂小龙虾饲料早、晚各一次，投喂量占小龙虾重量的 3%～8%，逐日增加。

(2)销售产值

2020 年出售商品小龙虾 1 500 kg/hm^2，平均价格 40 元/kg，产值 82 万元；稻田产米 5 360 kg/hm^2，价格 11 元/kg，产值 80.6 万元。小龙虾、稻总产值 162.6 万元。

(3)成本投入

生产用人工、虾苗、饲料、种子、设施设备等，共投入成本 64.5 万元。

(4)经济效益

基地种养产值减去成本投入，总收益为 98.1 万元，每公顷收益 71 727 元，是常规种植的

5.3 倍。

二、稻鸭共作模式

【案例】句容市后白农场(以稻谷、成鸭销售为主)

该农场 2020 年稻田综合种养面积 36.7 hm^2,全部采用稻鸭共作模式。

(1)田间工程

稻鸭共作田选择在土质肥沃、排灌方便、易于保水的连片稻田,该基地设施较为完善,达到高标准农田标准。每 0.4 hm^2 围网成一个放养单元,每单元内建鸭舍 3 m^2,网眼不超过 2 cm,每隔 4 m 左右钉桩扣网,压实基部网边,网高 80 cm 左右。放养密度:为增加养鸭的经济效益,选用了体形较大的本地麻鸭,在秧苗移栽活棵后(7～10 d),将 10～15 日龄的雏鸭经驯水后放入田中,每亩放养 15 只。每个放养单元以面积计算放养数量。养殖管理:幼鸭放养后前 3 d 要用混合饲料充足供应(投放前,鸭棚内要备有饲料,让鸭下田时记住投食地点),以后逐渐减少投喂次数至每日 2～3 次;10 d 后可用小麦等原粮饲喂;20 d 后每日饲喂 1 次。

(2)销售产值

2020 年出售成鸭 7 600 只,平均价格 85 元/只,产值 64.6 万元;稻田产米 5 550 kg/hm^2,平均价格 12 元/kg,产值 244.4 万元。总产值 309.0 万元。

(3)成本投入

生产用人工、鸭苗、饲料、种子、设施设备等,共投入成本 82.5 万元。

(4)经济效益

基地种养产值减去成本投入,总收益为 226.5 万元,每公顷收益 61 716 元,是常规种植的 4.6 倍。

三、稻鳖共作模式

【案例】郭庄镇君顺家庭农场(以鳖、稻谷销售为主)

该家庭农场 2020 年稻田综合种养面积中 1.67 hm^2 采用稻鳖共作模式。

(1)田间工程

开挖四面环沟。水沟宽度平均 3.5 m、水深 1.2 m,水面占稻田面积 10%。稻田角落有一天然池塘(约 200 m^2)作为暂养塘,深度 2～3 m,堆土 15 m^2 做晒台。放养密度:每亩放养规格为 350 g 的雄鳖种苗 40 只,共放养约 1 000 只。养殖管理:环沟内放有青虾苗作为天然饵料,另辅助投喂冰鲜鱼饵料,每隔一天投喂 1 次,每次约 30 kg。收获情况:成活率达 85%以上,2020 年底收获时规格平均达 1 500 g/只。

(2)销售产值

2020 年出售商品鳖 450 只,约 675 kg,销售额 13.5 万元;稻田产米 5 775 kg/hm^2,平均价格 11 元/kg,产值约 10.6 万元。总产值约 24.1 万元。

(3)成本投入

生产用人工、鳖苗、饵料、种子、设施设备等,共投入成本约 12.7 万元。

(4)经济效益

基地种养产值减去成本投入,总收益约 11.4 万元,分摊到当季稻田每公顷收益约 68 263

元。此外当季还有400多只鳖在田尚未出售。

第二节　社会效益和生态效益分析

一、社会效益分析

第一，稻田综合种养最重要的一点就是要将土地资源充分利用起来，实现"粮地不争""田水两用"的目的，从而达到经济效益最大化，提高农、渔民经济收入。同时，稻田综合种养实现了种养的有机结合，优化了水网地区农村经济结构，促进了稻田内的物质与能量资源的充分利用，打破了低洼湿地粗放的生产经营模式，促进了农业增效、农民增收。从近几年稻田综合种养模式的效益来看，上述几种稻田种养模式比传统稻麦种植模式的纯收益提高了3～5倍，具有巨大的推广应用潜力。

第二，稻田综合种养在生产过程中不使用化学农药、化肥，有利于提高农产品质量，保障农产品安全，保护环境，增加种稻效益。稻田综合种养模式生产的农产品会更安全、更健康，随着稻田综合种养模式的推广，不仅产出了绿色、优质的稻谷，而且还产出了美味的家禽和水产品。稻田综合种养具有资源消耗低、环境污染小、产品质量高、经济效益好等优点，符合当前社会发展对农业生产的要求，它优化了农业产业结构，提高了农产品质量安全，增强了农产品市场竞争力，提高了农产品的市场价值，实现了资源与环境、质量与效益的协调统一，其绿色环保的特点有效地带动了经济效益的增加，在一定程度上提高了农民种田的积极性。

第三，稻田综合种养能提高种粮农户的综合素质。通过稻田综合种养示范点的建设，对广大农民开展各种技术培训和现场观摩，提高了农民的理论知识水平，让他们对新事物有了直观的认识，为农业的可持续发展储备了大量后备力量。

第四，稻田综合种养促进了农业产业化的发展。稻田综合种养等绿色栽培模式的不断推广，推动了稻谷、水产品等产业规模化、标准化、品牌化的发展。可以根据市场需求，信息共享，因地制宜，发挥地方特色优势，消除品牌多、乱、杂，集中打造统一品牌，提升档次，唱响品牌，逐步推进当地同种模式集中连片种养，生产具有品牌竞争力的优质稻谷、养殖产品，实现区域化的品牌特色。同时"一水两用，一地两收"，大幅度地提高了耕地产出率，带动了土地流转，衍生了一批涉农企业、家庭农场和农业专业合作社，促进了农业产业结构的调整。

二、生态效益分析

第一，保护了农田生态环境和水资源。稻田中养殖的生物，一方面可以摄食利用水田里的杂草和昆虫，减少杂草和害虫为害，降低农药的使用；另一方面生物产生的代谢产物作为优质有机肥被稻田土壤吸收，可以提高土壤肥力，减少化肥的使用。综合种养田块可减肥减药率达50%以上，有效减少了化肥、农药对环境产生的不良影响，保护了农田生态环境，同时可以实现水资源循环利用，确保水资源不受污染。

第二，有利于改善农村环境。我国部分地区由于农业生产高投入、高消耗，使得农村生态退化、环境恶化，农村生活环境差，发展稻田综合种养模式，在尊重自然规律的基础上，对各种资源进行科学、合理的配置，使投入产出效益达到最大化、生态环境达到最优化，使"蓝天、碧水、净土"的农村本来面貌得以重现。

第六章　农业技术推广应用

第一节　农业科技推广概述

农业推广是随着农业生产活动而发生、发展起来并为之服务的一项社会事业。“农业推广”这一概念在新中国成立以前就已经被使用，新中国成立以后通常称“农业技术推广”，现逐渐采用“农业科技推广”这一说法。

一、农业科技推广与农业科技服务

狭义的农业科技推广是指农业科研单位将农业科研成果创造出来以后，由推广人员的推广与普及，让农民掌握这些科技，从而将技术转化为现实生产力，以此来提高农民的农业收入。广义的农业推广是指服务范围为农村社会，服务对象为广大农民，推广服务的中心围绕农场或农户展开，推广和传播的内容包括新技术、新设备、新观念、新信息，以此使农业生产健康可持续发展。广义的农业推广活动不仅是新技术的传播和普及，更多是指有组织、有计划地开展的一种社会性活动，强调社会教育与宣传的活动过程。综合来讲，农业科技推广是指通过示范、培训、交流等传播手段，将新技术、新观念和新信息传播给农户，指导农户将新技术运用到生产实践中，为农业提质、增效、增收的一种社会活动。

农业科技服务是指政府行政部门下设的农业机构，如科研院所、专业协会等为企业、个人提供科技服务性活动。服务内容有科技新成果的介绍，农业技术成果的应用指导，设立科技咨询和指导站，培训农村科技人员，培训农户以及根据农户需要不断改进技术措施等。农业科技服务包含公益性和市场性两层含义，前者是农业科技研发及其推广工作者利用各种渠道对农户进行讲解和指导技术成果理论、技术实际操作；后者是涉农企业、农民合作社、农户根据农业在生产及农村社会发展中产生的科技需求而提供相对应服务的行为。农业科技服务是国家公共服务的重要组成部分，是政府主导下农业科研单位配合农业企业踊跃参与的一种服务活动。作为农业生产性服务的重要组成部分，农业科技服务强调通过科技服务与应用方式帮助农民开展农业生产活动，从而辅助农民增收，实现农村经济可持续发展。

二、我国的农业科技推广与服务模式

在我国农业现代化突飞猛进的大背景之下，农业技术推广和服务的模式也逐步呈现多元化。

1. 政府主导型模式

政府主导型模式以农业技术推广站为主体，属于公益性农业技术推广，主要采取项目宣传与示范演示，技术创新与信息咨询以及产品销售与售后服务等多种相结合的方式进行新品种和新技术的推广。本模式有着上下联动、发动力度大、普及面广、推广速度快、效果明显的特点，为中国农业技术创新及成果转化提供了巨大的推进作用。随着信息化时代的到来，为加快科技成果的转化，我国在这一推广层面，通过对基层农技人员的培训，鼓励使用互联网等现代信息技术手段，搭建农业技术推广信息平台，缩短农技推广的中间环节，使农业技术推广的效能得以全面提升。此外，我国部分地区还采取了“农技 110”和科技特派员等政府牵头的服务模式。

2. 大学依托型模式

近些年，我国农林类高校经过探索与实践，在农业科技推广中积累了比较丰富的经验，形成了大学依托型的农业推广模式。各地政府根据地方特色与产业需求，同科研院所进行合作，形成了“农业科研院所＋地方政府部门”“农业科研院所＋农业企业”“农业科研院所＋农资生产企业”等推广模式。南京农业大学从 20 世纪 90 年代开始，开展“科技大篷车”“双百工程”，到 2015 年承担了农业农村部和财政部的农业推广服务试点工作，创新了“科研试验基地＋区域示范基地＋基层推广服务体系＋新型农业经营主体”的链条式农技推广服务模式。西北农林科技大学与宝鸡市政府在 2000 年开展合作，探索出了顺应地方产业发展需求的“农业科技专家大院”模式，实现专家、教授和农民“零距离”沟通。该模式基于当地主导产业，由当地政府提供场地、资金以及政策支持，专家提供农业科技成果，农业生产者参与成果的推广与转化实施。中国农业大学张福锁教授于 2009 年携团队在河北曲周白寨乡建立了“科技小院”，在当地开展科研和社会服务工作，取得了良好的成效。河北农业大学开创了以校地合作、校企合作和基地建设为基础，以重大科技项目为载体，形成跨部门、跨单位的合作机制，创新产学研合作模式，称“太行山道路”模式。

随着乡村振兴战略的实施，涉农高校与时俱进，充分发挥“教学”和“研究”作用，精准对接“三农”，助力地方发展，逐渐在校地、校企协同创新平台建设等方面发挥出专业化优势。

3. 农科院为载体型模式

以各级农科院为主导的农业推广模式，在从事科技推广方面具有科技、信息、人才、实践等多方面的优势。农业农村部属、省属农业科研机构，主要承担基础研究、应用基础研究；地级农科院所，职责定位主要是加强农业科技创新和扎实开展农业科技服务，积极参与农业科技推广工作，致力于推动本地区农业经济发展。例如，江苏省农科院以退休农业专家为主体的新型农业技术推广模式，充分利用退休专家团体专业技能强、自身时间充裕、推广成本相对低等优势开展技术服务，受到服务地的欢迎，赢得了农民的口碑，产生了一定的经济效益和社会效益。广东省农科院依托自身科技优势，联合企业共建“三位一体”的政研企农技推广模式，使基层农业技术推广存量在科技增量下激活。湖北省农科院探索出“技术总承包服务”模式，这一模式以产业需求为导向，并与企业和政府签订技术服务合同，开展有针对性的科技创新和技术服务。

以高校和农科院这类科研机构主导的推广模式的优点为：具备较高灵活性与时效性，技术研发的地方性与应用性强，合作形式多样。局限性为：农民生产行为变革意识不足，有赖于经费的持续投入，主要考核机制与推广服务导向存在分歧。

4. 企业引导型模式

涉农企业在资本、技术、人才等生产要素的集成利用下，带动农户进行专业化、标准化和规模化生产，从而形成"企业＋基地＋农户""企业＋科技单位＋农民"等技术推广运行模式。该模式可提高农民收入，提升企业利润。企业在农业生产发展、技术创新、技术应用和推广中发挥着重要作用，能灵活地反映市场信息，充分合理地调动各方优势资源，指导企业生产经营，但同时也会存在科研能力单薄，农业推广费用受企业经营规模及状况影响较大，企业农业推广人才短缺等因素制约。

企业引导型模式的优点：一是与农民形成利益链接机制；二是具有灵活性和高效性。局限性在于用户信任度不足、技术创新有门槛，以及政策导向对企业支持度低。

5. 合作社主导型模式

合作社主导型模式是指合作社主导，政府引导，运作方式是专业大农户带头，小农户加盟，信息获取来自合作社内信息共享。合作社主导型农业技术推广模式从根本上激发农民生产积极性，增大生产灵活度、拓宽生产多样化，有利于农户的增产、增收，并对当前农业进一步发展起到更大的推进作用。合作社主导型的农业科技推广模式具有包容性强、平台范围广、信息传播和扩散速度快的特点，能够为农户进行农业生产提供多种技术服务，还可促进新品种的传播。

合作社主导型模式是农户自发型模式中的主要模式，其优点是能人有较强的示范效应，局限性在于辐射范围有限、技术支撑不足。

三、国外的农业科技推广与服务模式

农业科技推广与服务的国外模式最早可以追溯到欧洲的文艺复兴时期，16 至 17 世纪，随着现代科学的兴起，需要将科学成果学以致用，以满足人类生产生活需要，早期农业教育便由此开始了。发达国家农业现代化进程启动早，依托各国的国情，形成了各具特色的科技推广服务体系，相关研究成果全面、系统而深入。根据推广主体的不同，国外农业技术推广模式有：

1. 政府主导型模式

政府是农业科研和推广活动的组织方和管理方，一般由农业管理部门下属的农业技术推广站联合科研院所和大学建成。在组织架构上，一般实行垂直管理，政府依托其物力、财力和影响等方面的优势地位开展推广活动，代表国家有以色列、韩国、加拿大等。

2. 大学主导型模式

以大学为主导的推广模式，典型代表为美国的赠地学院模式，又被称为教育、科研、推广"三位一体"的合作农业推广体制。由美国政府免费提供土地，用土地的收益作为学校经费来维持、资助大学开展科研工作。在州立大学建立农业推广站，深入田间对基层农户提供农作物生产指导。各个州建立农业试验站，将试验站与赠地学院结合起来，形成了以大学为核心，教育、科研、推广"三位一体"的合作农业推广体制，在保证农业推广工作公平性、科学性的同时，又使新技术成果有较高水平的转化率，充分体现了公益性原则。

3. 分工协作型模式

以荷兰为代表，农业知识创新和传播体系有着发达、高效和协调的运行特点及优势，这是保持持续竞争优势的一个重要源泉。该体系注重与生产经营者之间建立广泛而紧密的联系与对接，这就是荷兰著名的科研、推广、教育协同运行的“三位一体”体系。各种研究机构通过研究产生农业知识，农业推广站、产业协会等通过教育、示范、技术指导、咨询等形式将农业新知识、新技术传播给生产经营者，同时，为他们提供各项农业生产性服务，各类教育机构通过培训教育提高家庭农场主等农业从业者的受教育程度，以促进农业知识和技术的进一步传播。

4. 合作社主导型模式

农业合作社作为科技成果转化与推广的载体，是农业科技推广体系最重要的形式。欧洲国家的农业发展以中小型农场为主，以法国为例，中小型农场是农业生产与农村经济的重要基础。法国的农业科技推广采用的是合作社主导型模式，公益类农业科研基础项目仍然由政府主导，而农技推广活动则由农业合作社承担。在日本，农业科技推广由政府层面和民间层面两者相互配合、相互协作，能够及时收集农业生产中的技术问题，并能快速地将科研成果转化为现实生产力，这种方式极大提高了日本农业技术推广效率。

第二节　农业推广经营服务

一、农业推广经营服务概述

1. 指导思想

“以服务为宗旨，以技术为核心，以经营求发展”是农业推广经营服务的指导思想。农业推广经营服务是指通过农业推广机构全程系列化服务，解决农民生产和生活中的各种实际问题，以保证农业生产正常运转，实现生产要素的优化组合，获得最佳效益。

通过开展农业推广经营服务，增强推广机构的实力与活力，提高推广人员的工作和生活待遇，稳定和发展推广队伍，促进农业推广事业的发展。

2. 基本原则

①坚持软、硬件相结合的原则。

②坚持营利性的原则。

③坚持自由交易的原则。

④坚持符合地区产业发展原则。

⑤坚持遵纪守法的原则。

3. 业务范围

农业推广经营服务的业务范围包括：产前提供信息和物质服务；产中提供技术服务；产后提供贮运、加工和销售服务。

4. 类型

(1)科研经济实体经营服务

在计划经济时代，农业研究与推广是相互分离的。随着市场经济的建立，近年来出现了许多集科研、生产、经营服务为一体的经营实体。这类经济实体具有独立知识产权的技术成果、生产经营能力，具有自我积累、自我发展的功能。

(2)产供销一体化经营实体服务

农业推广机构传统服务的重点是产中技术服务，而产供销一体化的实体把生产、供应和经销集为一体，既可供应农业主要的生产资料，又能以技术服务；既有利于农业生产，又有利于公司的自我积累，例如，各级种子公司、饲料公司虽然没有独立知识产权的技术成果，但可以通过技术转让的形式购买技术成果，建立自己的生产基地或调入，重点是生产经营。

(3)技术结合型经营服务

这类经营既没有自己的成果，也没有自己的生产基地，主要是结合无偿服务的本职工作而开展的各种经销服务，从中获利，以补贴推广经费的不足，例如，县农业农村局所属的植保站、土肥站、林业站、水产站、庄稼医院、动物医院、水产生产用品服务门市部等。

(4)集团承包经营服务

这类服务主要是农业技术推广机构富余人员，在自愿原则下所进行的各种承包服务，如联产承包、产量承包、经营承包等，这类经营在改革初期较多，目前由于报酬问题、技术的效果不易界定等，目前已经很少。

(5)中介技术服务

这类经营即技术市场，属于高一层次的技术经营，其主要利用信息优势，为农业科技成果持有者和农业技术需求者、使用者提供中介服务。这类形式是当前最需要的，但还不完善。

以上除第1、5类外，第2、3、4类形式，均是农业推广机构的下属企业，例如，各县种子公司，虽然具有法人，并进行独立核算、自主经营，但是其领导权在农业农村局，所获利益大部分上交，目前尚未彻底与母体脱钩。

5. 营销观念

用户观念、质量观念、服务观念、价值观念、效益观念、竞争观念、创新观念、信息观念、时效观念、战略观念。

二、农业推广经营服务的程序

1. 及时了解农业方面的政策

①关于农业和农村的政策。

②关于农资供应与服务方面的政策。

③关于农村信贷、税收方面的政策。

2. 认真分析市场环境

在分析市场环境时，须充分考虑人口因素、经济因素、竞争因素、科技因素、政治因素、文化因素等。

3. 认真分析农民购买动机的类型及特点

类型：求新、求奇、求美、求名。特点：求同、求实、求廉、惯性。

4. 确定目标市场

经营服务，考虑谁是买主，也就是把购买者当作市场。不同的购买者，由于个性、爱好和购买能力、购买目的不同，在需求上存在着一定差异，表现为需求的多样化，把需求相近的购买者划分为一类，就是市场细分。

经营服务者可根据细分市场的需求，来组织适销对路的推广项目和配套措施取得较大的市场份额和最好的经营效果。

确定目标市场一般分为三个步骤：预测目标市场的需求量；分析自己的竞争优势；选择市场战略定位（针锋相对式、填补空缺式、另辟蹊径式）。

5. 确定营销整体组合战略

农业推广的营销组合，即农业推广市场营销的战略与战术的有机组合，它是市场营销理论体系中一个很重要的概念。

经营者在目标市场上的竞争地位和特色，是通过营销组合的特点充分体现出来的。

营销4P策略：产品（Product）策略；地点（Place）策略；促销（Promotion）策略；价格（Price）策略。

6. 经营决策程序和实施方案

①发现问题，确定决策目标。

②拟定各种备择方案。

③评价和选择方案。

④决策方案的实施。

三、农业推广营销技巧

1. 靠优质的产品占领市场

美国学者提出了产品三层次理论，即任何一个产品从理论上都可以分为三个层次：产品的核心层次、产品的有形层次和产品的延伸层次。产品核心层次是一种解决问题的服务，即消费者真正购买或使用该产品的原因。产品的核心层次要能帮助使用者解决最基本的问题，例如，食品的核心是满足充饥和营养的需要等。产品的有形层次是将产品转化为有形实体或服务，一种看得见、摸得着的产品层次。这一层次有五种特征：品质水平、产品特性、品牌名称、形式、包装。这是最直观，也是最能吸引使用者的一个层次。如果有形产品是某种服务，也应具有类似特征。产品延伸层次是指厂商能提供消费者实体商品之外的服务与利益，例如，免费安装、检修服务等。这项观念使企业营销人员必须考虑得更多，提供超乎消费者预期的服务，给予其完整的满足感，借以提高消费者的满意度及再购率。

在综合种养产品的推广中应做到：以市场需求提供适销产品组合；靠质量取胜，赢得消费者信任；精心设计产品包装；树立品牌形象。

2. 灵活利用价格竞争，提高经营效益

价格竞争的主要策略：折扣定价、地区定价、差别定价。

3. 加大广告宣传力度，积极开拓市场

广告宣传的基本步骤为：

①制订广告计划、选择恰当的广告策略。

②设计广告。产品说明书。

③选好广告媒体。常用的广告媒体有：报刊、电视、互联网等。

4. 运用现代促销技巧，搞好产品促销

（1）促销手段、原则、方式和方法

①促销手段：证据、道理、信誉。

②促销原则：用户至上、求实、效果。

③促销方式：推进式、反向吸引式。

④促销方法：人员促销、广告、营业推广、公共关系、特种推销等。

(2)促销技巧

①访谈的技巧。

②异议处理的技巧。

③劝说与建议的技巧。

④重复度和时间安排技巧。

⑤谈判的技巧。

(3)培养技能过硬的推销人员

推销人员应经过专业技能的训练和公关技能的培养训练。

第三节　稻田综合种养推广情况

一、全国稻田综合种养推广情况

据《中国稻渔综合种养产业2018发展报告》统计，2017年我国有稻渔综合种养的省份及直辖市共27个，北京、海南、西藏、青海4个未见统计，总面积2 800万亩，其中，湖北502万亩、四川464万亩、湖南332万亩，上述3省份总面积占全国稻渔综合种养总面积的46.4%。另外，江苏、贵州、云南、安徽、浙江5省份稻渔综合种养面积均超过100万亩。

云南、江西、湖南、湖北、重庆等省份主要是建立在人工移栽上的传统稻田，主要模式有稻田养鱼、稻田养螺、稻田养小龙虾；江苏省的模式主要基于先进的机插秧技术，有稻田养鸭、稻田养鱼、稻田养鳖、稻田养小龙虾等；黑龙江等东北省份也采用机插秧技术，稻田种养模式有稻田养鸭、稻田养鱼、稻田养鳖、稻田养小龙虾，还有稻田养泥鳅、稻田养螃蟹、稻田养蚂蟥等，面积不大，主要以基地种养为主。

二、江苏稻田综合种养推广情况

在相关政策和项目的扶持下，江苏的稻田综合种养面积发展比较快，主要集中在苏北地区，其中，泰州姜堰基地为典型代表。近年来，全省各地不断创新技术、优化品种，积极推广稻田养虾、稻田养蟹、稻田养鸭等综合种养模式。全省稻田综合种养面积截至2021年，已经发展到216.7万亩。经初步了解，全省有30多个县(市、区)出台了奖励政策，在稻田综合种养创新和技术示范方面做了大量工作。盱眙、沛县、泗洪、盐都、东海等地被农业农村部授予“国家级稻渔综合种养示范区”称号。

三、苏南句容市稻田综合种养推广情况

句容市地处苏南，是全国百强县之一，也是全国绿色发展百强县市，北临长江，是秦淮河的发源地，境内森林资源丰富，北部为宝华山，南部为茅山，素有“五山一水四分田”之说，是典型的丘陵地区。耕地面积约5.33万 hm^2，农作物常年播种面积约7.67万 hm^2，主要种植水稻、小麦、油菜等粮油作物以及葡萄、草莓、梨、桃等应时鲜果，农业总产值40多亿元。

水稻常年种植面积约2.53万 hm^2，近年来，随着优质食味稻谷的推广，辖区内的优质食味稻谷品种的种植规模逐步扩大，种植的南粳系列大米凭借着优良的食味在苏南地区的市场知

名度越来越大。同时，辖区的有机绿色稻谷的种植规模不断增加，从事稻谷生产加工、销售的农业企业规模逐步扩大。

在当前粮食作物产值不高、种植成本逐年上涨、农业生产的效益空间不断收紧的大环境下，以往依靠规模种植，想通过高产实现增收的模式存在着很大的不足。发展绿色、循环、优质、高效的特色农业，通过安全、高效的农业新技术的运用，降低生产成本，实现农产品质量好、安全、有保障，资源利用高，生产效益佳的目标，真正实现农业生产导向由增长转型为提质。

1. 起步阶段

20 世纪 90 年代末，稻田综合种养在句容市开始零星发展，最初是后白良种场在镇江市科委的支持、帮助下开始实施，模式为稻鸭共作，后期面积达到 3.33 hm^2，鸭的品种为役鸭，每亩放养 15～20 只，成品鸭质量约 1.5 kg，多以真空包装的酱鸭来上市销售。但受制于当时市场对优质农产品未能充分认可，产出的稻谷和鸭进入市场后大多以普通农产品的价格进行销售，未实现优质优价，生产效益不明显，因此在发展数年后种养面积不断萎缩进而消失。

2. 发展状况

近年来，市场对无公害及有机绿色等优质农产品越来越青睐。句容市的稻田综合种养的面积不断扩大，在江苏省农委稻田综合种养项目的支持下，句容市的稻田综合种养呈现新的特征。

①模式的多样化，模式由最初的稻鸭共作一种模式逐步发展至稻虾共作、稻鳖共作、稻蛙共作等多种种养模式。

②生产的规模化，实施主体由以往的小而散的普通农户逐步向实施规模较大的新型经营主体发展。

③技术的先进性，水稻品种由以往的高产品种转变为现在的优质食味品种，相关的投入品也由以往的化学肥料、化学农药转变为绿色环保产品，田间管理和养殖技术也更加科学。

3. 成绩

句容市现有多个有机、绿色认证的稻谷品牌，“越光大米”“杜氏天香”“绿苑大米”等品牌的大米安全、优质、食味佳，广受好评。目前，句容市内稻田综合种养面积最大的还是稻鸭共作，其中以稻鸭绿肥的技术最为突出，具体操作过程为：在 10 月中下旬，即水稻收获前 1 周左右在稻田套种绿肥，绿肥品种以紫云英为主；适时收割水稻，第二年 4 月中旬耕翻绿肥，5 月上、中旬进行水稻育秧，6 月上旬栽插水稻，6 月中下旬放鸭；水稻抽穗前收鸭，全程均按绿色、有机栽培方式进行生产。受益于稻田综合种养等农业技术对大米品质的提升，句容市的稻谷品质较好，在省市的多次稻谷评比中均获佳绩，在首届镇江市好大米评选中，获得过 2 枚金奖（分别为排名第一的后白镇杜氏家庭农场的“杜氏天香”和获得第四名的后白良种场的“绿苑大米”，金奖共设 5 名）。

4. 不足

目前句容市不同稻田综合种养基地在技术水平和管理方式上存在较大差异，有部分农户养殖的鸭、鱼、虾等出现不同程度的死亡。个别农户在稻田养鸭过程中，由于对技术的理解不深，为减少鸭苗的损耗，人工喂养鸭苗时间过长，因此没有在水稻活棵后及时投放鸭苗。导致稻田的杂草未能被鸭及时清理，部分田块的杂草较多，没有真正起到稻田综合种养的目的。同时，产出的稻谷、鸭和虾等产品在数量和品质上差异很大，各基地销售的途径和最终的效益相差也较大。根据调查，2017 年句容市稻鸭共作每亩净效益在 1 370～6 800 元，主要原因是各基地产出稻谷出售的价格相差较大，考虑到大面积生产和市场的接受能力（稻鸭共作稻谷价格比常规稻谷收购价格提高 10%～30%），稻田养鸭每亩理论效益在 3 400 元左右（其中，稻谷效益 2 400 元，成鸭效益 1 000 元），每亩成本约 1 300 元（其中，稻谷成本 550 元，养鸭成本 750 元），每亩理论净效益约 2 100 元。稻渔共作在句容市还处于起步阶段，实施的面积也较小，相关的技术还有待进一步加强。

参考文献

[1]王广军,秦云川,符云．稻渔综合种养技术与典型模式[M]．北京:中国农业出版社,2023.

[2]张家宏．绿色低碳高质量发展稻田综合种养产业[M]．南京:江苏凤凰科学技术出版社,2022.

[3]王冬武．稻渔综合种养技术[M]．长沙:湖南科学技术出版社,2020.

[4]全国水产技术推广总站组编．稻渔综合种养技术模式[M]．北京:中国农业出版社,2021.

[5]孙皓．稻田生态综合种养新技术[M]．北京:中国农业科学技术出版社,2019.

[6]肖放,陈欣,成永旭．稻渔综合种养技术模式与案例[M]．北京:中国农业出版社,2019.

[7]陆静雯,郭威,张耀元,等．稻虾综合种养模式下水稻生产的优势、问题和对策[J]．扬州大学学报(农业与生命科学版),2024,45(06):11－19,27.

[8]王强盛,刘欣,许国春,等．稻鸭共作对不同栽培环境稻季 CH_4 和 N_2O 排放的影响[J]．土壤,2023,55(06):1279-1288.

[9]步洪凤,梁玉刚,方宝华．稻田综合种养主要模式及其研究进展[J]．杂交水稻,2023,38(01):10-19.

[10]王强盛,余坤龙,倪雪颖,等．我国稻渔综合种养的发展过程及技术趋势[J]．中国稻米,2021,27(04):88-91.